厨神家的减脂餐

〔英〕戈登·拉姆齐◎著
李艳梅◎译

GORDON RAMSAY'S ULTIMATE FIT FOOD

北京科学技术出版社

Original English edition published by HODDER&STOUGHTON Ltd.

This Simplified Chinese edition published by arrangement with Hodder & Stoughton Limited, through The Grayhawk Agency, Ltd.

著作权合同登记号　图字：01-2021-4486

图书在版编目（CIP）数据

厨神家的减脂餐 /（英）戈登·拉姆齐著；李艳梅译 . —北京：北京科学技术出版社，2021.10
书名原文：Gordon Ramsay's Ultimate Fit Food
ISBN 978-7-5714-1278-4

Ⅰ . ①厨…　Ⅱ . ①戈…　②李…　Ⅲ . ①减肥—食谱　Ⅳ . ① TS972.161

中国版本图书馆 CIP 数据核字 (2021) 第 001880 号

策划编辑：韩　芳
责任编辑：白　林
责任校对：贾　荣
封面设计：异一设计
图文制作：天露霖文化
责任印制：李　茗
出 版 人：曾庆宇
出版发行：北京科学技术出版社
社　　址：北京西直门南大街 16 号
邮政编码：100035
电　　话：0086-10-66135495（总编室）　0086-10-66113227（发行部）
网　　址：www.bkydw.cn
印　　刷：北京宝隆世纪印刷有限公司
开　　本：720 mm × 1000 mm　1/16
字　　数：150 千字
印　　张：14
版　　次：2021 年 10 月第 1 版
印　　次：2021 年 10 月第 1 次印刷
ISBN 978-7-5714-1278-4

定　　价：68.00 元

前言

我经常跟人说，大厨们平常吃到的高级菜肴和垃圾食品几乎一样多。

大厨们往往能接触到最新鲜、最可口的食材，并运用自己的顶级厨艺将其烹饪成美味。期间，他们需不时地试菜调味，因此不知不觉间吃下了很多珍馐。但你觉得，大厨们在连续工作 16 个小时后回到家中，还有余力给自己做一顿健康丰盛的晚餐吗？恐怕答案是否定的。为了能快点吃完休息，或者在工作强度大时让自己打起精神，大厨们其实经常会吃垃圾食品。更别提让他们抽点时间来锻炼身体，那真是难上加难。当我就职于皇家医院路的米其林餐厅时，虽然经常鼓励同事们在休息时间走出后厨活动活动，但我自己从来不愿意踏出厨房半步，总是不放心地在后厨东尝一口西尝一口。日复一日，我的白色厨师服似乎越来越紧，而我也开始变得有些无精打采和迟钝懒散了。

当我意识到了问题所在，便开始逼自己去健身房跑步锻炼。我经常把去锻炼的重要性想象成和去看牙医一样，这样我就不能找理由逃避了！开始我只能跑 5 公里，之后渐渐地能增加到 10 公里，再之后你猜怎样，我竟然参加了人生中第一次马拉松！在同一年，我还去南非参加了一次超级马拉松。我都有些锻炼成瘾了。因为锻炼能让我从忙碌的工作中解放出来，开始锻炼之后，我整个人感觉舒服极了。同时，我还改善了日常饮食，体重也开始降低，整个人看起来精神焕发，健康状况也有了大幅度的提升。我父亲在他 53 岁的时候因为心脏病去世了，在我迈入 50 岁后，我的妻子塔娜便给我预约了一次全面的体检。当时我正在为参加在夏威夷举办的铁人三项世界锦标赛备战，医生帮我测了心率，他说在我这个年龄段，我的静息心率是他见过最低的！看来健康的生活习惯确实是一件有益的事啊。

对我来说，健康的生活习惯应该包括均衡的饮食和定期的锻炼。道理似乎是显而易见的，但我还是想向大家强调两者相配合的重要性（虽然不一定需要同时进行）。如果在不运动的情况下一味地节食，减肥成果或健康状态的改善会非常有限；如果你酷爱健身但饮食上没有好好控制，那么你的健身成果也无法完全展现。

这本书并不是一本针对节食减肥的书，我不会只告诉你什么应该吃或不应该吃；它也不是一本介绍流行减肥方法的书，为了快速减肥而让你吃开水煮白菜、葡萄柚或者像个原始人似的只吃“草”（沙拉）。我写这本书的初衷很简单，就是想告诉大家，你吃进肚子里的每种食物对身体功能都有不同的影响。根据我们对自己的身体状态期望的不同，身体对营养的需求也会因此不同。如果你打算减肥，就不得不比平常少吃一点东西；如果你在执行严格的健身计划，那么在饮食上也要进行科学搭配，以满足身体对不同营养元素的需求。

最后我想告诉大家，健康饮食并不是枯燥乏味的。作为一名主厨，我希望我吃到的食物既美味又健康；在进行体能训练的时候，我不希望日复一日地吃着种类相同、味道寡淡的健身餐。我更不想大家被剥夺了享受美食的权利。本书中囊括了众多适合家庭制作的菜肴，我由衷地希望这本书能够激发你的烹饪灵感，以帮助你保持健康或达到其他目标。

Gordon X

什么是
健康
饮食?

我不想把健康饮食搞成一个学术性话题，但如果我们能够了解身体需要哪些营养物质以及这些物质的来源，那么再讨论饮食的话题就相当容易了。我之前经常与私人健身教练和营养师交流，他们告诉了我一些关于健康饮食的基础知识，于是，我便将这些知识自如地应用在日常生活中了。

要想让我们的身体充满能量并保持在最佳状态，我们需要摄入常量营养素与微量营养素。常量营养素是指人们每日需求量较大的营养元素，主要包括以下三大类：

蛋白质——主要来源于畜肉及禽肉类、鱼类、乳制品、豆类和坚果。蛋白质是构成人体的重要成分，不仅可以修复骨骼、肌肉、软组织和皮肤，还可以调节人体激素水平，同时催化酶的形成。蛋白质的参考摄入量，成年女性为每日 50 克，成年男性为每日 55 克。

碳水化合物——人体最主要的热量来源。例如淀粉、糖和膳食纤维，这些碳水化合物主要存在于土豆、谷物（如小麦、大米和玉米等）、豆类、水果和蔬菜中。食物中的膳食纤维可以促进肠道蠕动，帮助消化，同时它还可以促进新陈代谢，并降低人们患心脏病、糖尿病和某些癌症的概率。碳水化合物的参考摄入量，成年女性为每日 260 克，成年男性为每日 300 克。同时，专家建议每人每天应该摄入约 30 克膳食纤维。

脂肪——供应人体所需热量的重要来源。一些微量元素必须借由脂肪才能够被人体吸收。脂肪主要存在于各种食用油、肉制品、鱼类、种子与坚果之中。人体运转离不开脂肪，然而，并不是所有类型的脂肪都应等量摄入（详见第 4 页）。专家推荐人们多摄入有益健康的不饱和脂肪酸，并减少摄入饱和脂肪酸。

成年女性每日脂肪摄入量建议不超过 70 克，其中饱和脂肪酸不超过 20 克；成年男性每日脂肪摄入量建议不超过 95 克，其中饱和脂肪酸不超过 30 克。

微量营养素即各种维生素与矿物质，虽然人体对它们的需求量较少，但它们对人体的正常生长发育和健康起着至关重要的作用。微量营养素包括维生素 A、维生素 B 族（包括叶酸）、维生素 C、维生素 D、维生素 E 和维生素 K，以及各种矿物质，比如铁、钙、镁、钾和锌等。维生素与矿物质广泛存在于各种食物中，比如蔬菜、水果、坚果、蛋类和乳制品等。这些微量营养素对于我们的肝脏、眼睛、皮肤、肠胃和免疫系统的运转必不可少。世界上没有一种单一食物能够包含人体所需的所有维生素和矿物质，因此，人们应该拥有多样化的膳食结构。

既然我们身体所需的各种营养素都可以从食物中得到，那么是否意味着只要按时吃饭就能保持健康？事实并非想象得这么简单。一些食物并不是摄取得越多越好，例如精制碳水化合物、饱和脂肪酸和各种糖类（详见第 3 页）。有些东西精致美味，总让人忍不住想多吃几口，像薯片、汽水、快餐、蛋糕和饼干。然而，这类食品吃得过多，我们的身体健康必定会受到影响：把零食当饭吃会使我们摄入过多的热量，同时对其他健康食物中重要的营养元素和膳食纤维摄取不足。

如果你打算减肥（详见第 68 页）或是正在运动健身（详见第 128 页），那么身体对各类营养素的需求也会因此有所不同。一般来讲，我们还是应该追求丰富的膳食种类，同时尽量减少饱和脂肪酸、糖类和盐的摄入（详见第 2 页）。本书中的食谱遵循以上原则，面对不同时期的身体需求，你总能找到适合自己的那一道菜。

儿童健康饮食

摄取充足的常量营养素与微量营养素对儿童的生长发育至关重要。对于儿童与青少年具体该摄取多少营养素，本书暂不进行详细的讨论。但我诚挚地希望家长帮助孩子提高鉴别健康食物的能力，使孩子拥有平衡的膳食结构：多吃蔬菜和水果，少吃各种经过油炸的食物，以及高脂、高糖和过咸的食物。至于那些不爱吃蔬菜的孩子，家长可以做些蔬果奶昔、浓汤或是炖菜以保证他们能摄取足够的营养。同时家长最好也鼓励孩子与家人一起吃饭，孩子看到大人尝试新食物，就会有样学样。

对我来说，健康的儿童饮食不仅仅是指拿什么东西来喂养孩子，我更希望能教会他们基本的生活技能，并引导他们做出正确的选择。即便有一天他们离开了家长的照看，靠着你教授的营养知识和烹饪技能，他们依然能很好地照顾自己。在我四个孩子还很小的时候，我和妻子塔娜就十分注重培养他们对食物的认知——比如每种食物从哪里来、如何烹饪它们，以及每种食物对身体的影响。现在孩子们正值青春期，我和妻子的努力也得到了回报。虽然他们也会像同龄人一样喜欢比萨、巧克力和汽水，但大多数时候他们的膳食结构还是比较均衡的，就算偶尔吃点喜欢的零食也不为过。同时，孩子们也能意识到均衡膳食和积极运动是相辅相成的，他们都十分热爱运动，这让我很高兴。我相信这些健康的饮食和生活方式将使他们一生受用。

本书介绍了大量适合家庭烹饪与享用的食谱，但请注意，若没有医生的指导建议，处在生长发育期的儿童不应刻意追求低脂饮食，而应该摄取适量的健康脂肪。

阅读指南

这本书中的每一道菜都根据营养学家的全面分析，提供了其营养成分表，以便你了解自己每天都摄入了哪些营养成分。需要说明的是，有的食谱中包含了一些可根据自己口味选择是否添加的食材和菜品装饰，这些食材的营养成分就不包含在成分表中了。

我大致把书中的食谱分为了三大类——日常健康饮食、低卡瘦身餐和健身训练期配餐，每一类即为一章。究竟该选择哪一类没有严格的要求，你可以从各个章节选取不同种类的菜肴进行混搭，以满足家人们不同的需求。举个例子，如果你要给孩子们或是不在节食期的人做饭，可以从“日常健康饮食”中选择一道配菜，再从“低卡瘦身餐”中选择一道主菜进行搭配；如果你在为参加某项体育比赛而做高强度训练的人做饭，就可以从“健身训练期配餐”中选择一道高碳水的配菜来搭配。另外，你还可以根据营养成分表计算一下每餐摄取的总热量，以确保没有超过实际所需。

这里分别为中度运动量的成年男性和女性提供了“每日营养素参考摄入量”。当你在为一天的膳食做计划时，可以将这些数值纳入参考，看看所摄取的各项营养素是否达到了建议标准。每日摄入的脂肪、饱和脂肪、碳水化合物和盐应尽量避免超过所建议的分量。不同人群的每日营养素摄取标准会有所差别，下列表格供参考。

	女性	男性
热量（千卡）	2000	2500
脂肪（克）	70	95
饱和脂肪（克）	20	30
碳水化合物（克）	260	300
蛋白质（克）	50	55
盐（克）	6	6

日常健康饮食

本章的食谱包含以下特点：
- 饱和脂肪含量低于 5 克
- 糖低于 15 克
- 盐低于 1.5 克

本章中的菜品可以帮助你保持体重、维持稳定的血糖水平，同时也能让你每天摄取丰富的营养素。

低卡瘦身餐

本章的食谱包含以下特点：
- 每份早餐的热量低于 300 千卡
- 每份午餐及晚餐的热量低于 600 千卡
- 每份零食的热量低于 150 千卡

本章菜品中的热量仅有一小部分来自脂肪。这些食谱可以帮助你避免摄取过多的热量，再搭配上积极的运功，便能够帮你达到瘦身的目的。

健身训练期配餐

本章的食谱包含以下特点：
- 为健身训练或耐力性运动项目提供能量
- 富含蛋白质以促进肌肉修复

为满足健身时所需的热量，本章部分菜品含有较高的热量。

食材的选择

建议大家从规范的厂家购买肉制品、蛋类和乳制品。声誉良好的大厂家能够进行科学的饲养和管理，以保证所饲养的动物健康地生活并获得充足的营养。同时这些厂家生产的肉蛋奶制品也会保留其自然鲜美的味道。

低脂食物

在家吃饭的时候，尽量不要对食材进行过于复杂的加工，这样我们就能很清楚自己每天都在吃些什么东西。另外，一些号称“低脂”的食物为了提味，可能会含有大量的糖分，因此还是尽量少吃这类经过复杂加工的“低脂”食物吧。我只鼓励大家使用低脂乳制品，如低脂牛奶、低脂椰奶或者零脂肪希腊酸奶，这些食材都能帮助你减少脂肪的摄入量。

有机食品

有条件的话尽量选择有机食品，这类食品不仅农药残留和重金属含量较低，而且营养素含量也相对更高。另外，有机食品在种植环节对环境污染也很小，这对大家来说是个双赢的事情。

鸡蛋

除非有特殊说明，本书中的食谱使用的都是中等大小的鸡蛋。有条件的话，建议购买散养土鸡蛋。

鱼类

考虑到环境的可持续发展，请选购养殖的鱼类，而非野生捕捞的。

食用油

在本书中，我主要选用橄榄油、菜籽油和花生油来煎炒，特级初榨橄榄油则用来制作酱汁、浇淋食材或用作最后的装饰。如果使用椰子油，请确保选用非精制的初榨椰子油，其富含对人体有益的一类饱和脂肪（更多关于椰子油的内容详见第 4 页）。

香草

食谱中所说的“1 小把”香草重 25 ~ 30 克，“1 大把”香草重 50 ~ 60 克。

盐

我习惯烹饪时使用海盐来调味，它能给菜肴带来更富有层次的味道。如果你最近在控制盐分的摄入量，可以将盐的用量适度减少。

目录

Nigel Slater
SALADS

日常健康饮食

现如今，市面上流传着很多关于健康饮食的误导性信息。

人们普遍认同经常吃炸鸡、薯片、蛋糕和饼干等对身体健康没什么益处，而且膳食结构也会遭到破坏的说法，于是便觉得只要少吃糖、脂肪和盐这些不利于健康的，就能改善身体状况了。但对我而言，健康的膳食不应一味地规避特定的食材，更重要的是，我们应该了解哪些食物对我们的身体有益，同时尽可能地丰富日常的饮食种类。本章节的食谱呈现了多样化的食材选择，同时我也给你们提供一些有创意的新吃法。

如果想要增加每日微量营养素和膳食纤维的摄取量，那么最好的办法之一就是多吃水果和蔬菜。英国国民健康相关部门建议人们每天至少吃五种蔬果，近期研究甚至指出这个数字应该再高一些。市面上大部分的水果和蔬菜我都很喜欢吃，面对没怎么见过的新奇食材，我会绞尽脑汁想想适合它的做法；对于常见食材，我也会偶尔变换一下烹饪方式来增加摄入量。本章中介绍的沙拉、配菜、汤和零食都能轻松满足你“每日五蔬果”的需求。

追求健康饮食还有另一种方式，就是将“超级食物”囊括在你的膳食计划中。“超级食物”这一概念其实是存在争议的，目前还没有一个关于它的官方定义，一般是指营养密度高的食物。一些比较常见的“超级食物”包括西蓝花、牛油果、羽衣甘蓝、菠菜、蓝莓、藜麦、鸡蛋、核桃和富含脂肪的鱼类等。这些“超级食物”看似没什么魔力功效，

却实实在在地富含多种营养素，如果你能在日常饮食中尽可能多地摄取上述食物，那么你便可以在健康饮食的道路上不断前行。

除了增加每日摄取食材的种类，还有一个促进饮食健康的好方法，那就是尽可能自己在家烹饪。如今很多人对速食食品的依赖性很强，然而这些速食食品中的脂肪、盐和糖的含量普遍偏高，人工色素、香精、乳化剂和稳定剂等食品添加剂更是屡见不鲜。在我所工作的餐厅里，不管一道菜的烹制过程多么烦琐，我都坚持使用真材实料一步步地做出来。如果你习惯在家烹饪，那你会明白我所说的真材实料是什么意思，就是说你对烹饪中用到的食材以及自己每天都吃了哪些

食物了如指掌，另外你也可以主动减少脂肪、盐和糖的用量。

当你的膳食结构逐步改善后，你对垃圾食品的渴望也将逐渐降低。同时，你的口味也会有所转变，你会发现健康的正餐和零食比那些油腻高糖的速食食品更能令人心满意足。如此一来，你将开启一个良性循环——吃得越健康，身体就会越好，然后就能在饮食上进行更加科学的选择。久而久之，你便能获得长期的身体健康。从现在开始养成健康的饮食习惯还不算晚。

精制碳水化合物和糖

当你逐渐了解营养学的相关知识后，你会发现各类营养素并不都是有益无害的。就拿碳水化合物举例，所有的碳水化合物都能为人体提供能量，但事实证明，碳水化合物的来源也有好坏之分。那些对人体健康更有益的碳水化合物被称为“复合碳水化合物”。由于其化学结构复杂、纤维含量高，复合碳水化合物在人体内被消化分解需要更长时间。全谷物和非精制食品就属于复合碳水化合物，比如全麦面包、全麦意面、燕麦片、糙米、豌豆、黄豆和高淀粉的蔬菜等。虽然这类食物在体内消化的速度较慢，但它们能为人体提供持续而稳定的能量。而且它们富含多种维生素、矿物质和膳食纤维，会让你维持较长时间的饱腹感。

但是，简单碳水化合物就不那么健康了，这种碳水化合物（例如白糖）在人体中消化的速度非常快。还有些食品在精制加工的过程中去除了某些有益的物质，而恰恰是这些物质能帮助人体减慢消化的速度。精制碳水化合物一般使用精制的白面制作而成，例如白面包、精制意大利面、饼干、蛋糕和其他烘焙类食品。这些食物因为缺乏膳食纤维，在你吃进体内后会导致血糖迅速地升高，随之又迅速下降。如此一来，你便会觉得疲惫、焦躁和头晕，从而想吃更多东西。长此以往，不稳定的血糖水平可能导致你体重增加，同时罹患心脏病或糖尿病的概率也会相应升高。

糖也有优劣之分，可大致分为两类。其中一种是天然糖，主要存在于水果、蔬菜和乳制品内，只要不对这些食材进行过分的加工，其中所包含的天然糖会给人体提供持续的热量，也不会对健康构成威胁。另外一种糖被称为游离糖，过多摄取它们会对身体健康产生不利影响。游离糖被广泛应用在日常饮食中，例如蔗糖，包括白砂糖和红糖；还有其他甜味剂，如蜂蜜、枫糖浆、玉米糖浆、棕榈糖、龙舌兰糖浆和果汁等。专家鼓励人们尽量减少这类糖的摄入，因为它们包含了太多的热量，却又没有什么营养价值。这些糖经常隐藏在一日三餐、各种零食和汽水中，使人不易察觉，一不小心就会摄入过多。有研究表明，饮食中含糖量过高是导致糖尿病和蛀牙的主要原因之一，积极减少糖的摄入将对你的身体健康十分有益。本书中的食谱也用到了一些上述的游离糖，比如蜂蜜、枫糖浆和龙舌兰糖浆，但用量都相对较少。同时再搭配食谱中的复合碳水化合物或蛋白质，就能减缓体内消化和升糖的速度了。

脂肪

近些年来，人们开始对脂肪避之不及。它被认为是导致肥胖、胆固醇水平升高和心脏病的罪魁祸首，因此人们逐渐降低了对脂肪的摄入。然而，就像我们之前所谈到的，营养学不是表面上看起来的那么简单，我们还是需要在饮食中摄取适量脂肪来保持健康。脂肪是人体能量的重要来源，脂肪还能帮助人体分泌和调节荷尔蒙，同时也能促进人体对维生素的吸收，包括维生素 A、维生素 D、维生素 E 和维生素 K。

与糖和碳水化合物类似，脂肪也可以大致分为两种，即饱和脂肪和不饱和脂肪。饱和脂肪主要源于家畜肉类和乳制品，例如猪油、黄油和奶酪，人们普遍认为饱和脂肪对身体有害。不饱和脂肪则十分受人们追捧，它主要来源于植物，典型的食品包括橄榄油、葵花籽油和其他坚果类食用油；另外，富含脂肪的鱼类同样也含有优质不饱和脂肪。然而，近些年的研究推翻了一些公众固有的认知，研究发现饱和脂肪并不是人们所认为的一无是处。这就意味着，我们还是可以偶尔享受一顿雪花牛排或者继续使用黄油烹饪菜肴。需要指出的是，居民膳食指南对饱和脂肪的摄入标准还是没有变，建议成年女性每天摄入饱和脂肪不超过 20 克，成年男性不超过 30 克。

书中的一些食谱使用到了椰子油进行烹饪，这里需要强调一下，尽管椰子油是从植物中提取出来的，但它其实含有大量饱和脂肪。然而，椰子油中的这种饱和脂肪比较特殊，它可以帮助人们降低食欲及促进新陈代谢的，进而能够帮助我们达到减重的目的。当你购买椰子油时，请认准非精制的初榨椰子油，这种椰子油内的特殊饱和脂肪含量更为丰富。

还有一些脂肪也对健康至关重要。这些必不可少的脂肪（例如含有 OMEGA-3 的脂肪）对心脏健康十分有益，同时能促使大脑发育更加完善。它主要源于富含脂肪的鱼类，例如三文鱼和鲑鱼；其次，各类坚果和种子也包含这类脂肪，例如核桃、奇亚籽和亚麻籽。因此，我们鼓励大家在日常饮食中多摄取一些上述所提到的食品。

不论是饱和脂肪还是不饱和脂肪，还请牢记每克脂肪产生的热量是同等重量碳水化合物和蛋白质产生热量的两倍。如果你在平时摄取了大量的脂肪还不积极运动，那么这些多余的热量将会在你体内堆积并逐渐使人发胖。就算近期的一些研究表明脂肪对人体有益，你也别以此为借口，就开始大吃特吃炸鱼和薯条！

关于水合作用

我们除了应该关心每日都在吃什么东西，还应该关注一下每日的饮水量。一个人在不吃东西的情况下可以存活三周多，但是超过三天不喝水就会死亡了。水占人体组成的 60%，在一天中保持充足的水分是至关重要的，尤其是在锻炼的时候（更多关于水合作用与运动的信息，详见第 131 页）。专家建议人们每天应该至少喝 6 ~ 8 杯水来防止脱水；人一旦脱水，便会觉得头痛、烦躁或昏昏沉沉的。值得高兴的是，其他的饮品，例如咖啡、茶、牛奶、果汁和奶昔，都可以计入你一天的水分摄入量。除此之外，我们每天摄入的水分有 20% 来自我们所吃的食物，尤其是在我们所吃的水果和蔬菜中。你看，这不又是一个鼓励大家“每日五蔬果”的理由嘛！

多彩营养早餐

“五绿”果蔬汁

2 人份

用一杯富含维生素的鲜榨果蔬汁来开启新的一天吧！它不仅可以唤醒你的味蕾，还能给沉睡了一整晚的身体补补水。果蔬汁可以算作“每日五蔬果”需求中的一部分，就算没有吃早餐，喝完这杯果蔬汁，你也能精神满满地去晨练了吧。这款果蔬汁也很适合不爱吃菠菜的小朋友，他们很难尝出其中菠菜的味道。你还可以把这款饮品冰镇一下，做成一款无酒精的鸡尾酒饮料，在夏日狂欢中与朋友们分享。

材料 »

青苹果 1 个
去核、切成 4 大块

薄荷 4 枝
只取叶子使用

菠菜叶 2 大把
洗净备用

青柠 1½ 个
挤出汁

黄瓜 ½ 根
切成大块

步骤 »

1. 把所有材料放入榨汁机或料理机中搅打至顺滑。如果榨汁机比较难运转，可以酌情加入一点凉饮用水。

2. 往杯中加入适量冰块，将果蔬汁倒入杯中即可饮用。

营养成分表（每份）	
热量（千卡）	48.00
脂肪（克）	1.00
饱和脂肪（克）	0.10
碳水化合物（克）	7.00
膳食纤维（克）	1.00
蛋白质（克）	2.00
盐（克）	0.03

热带风味奇亚籽“布丁”

4 人份

这款轻食早餐是我的妻子塔娜介绍给我的。塔娜的饮食习惯非常健康，也常常鼓励我和孩子们多吃蔬菜沙拉。而且她还经常尝试一些新奇的食物，比如奇亚籽、椰子水和枸杞。奇亚籽富含多种营养元素，包括植物蛋白、膳食纤维、抗氧化剂、OMEGA-3 脂肪酸和多种矿物质。奇亚籽还有个神奇的特点，它吸水后会膨胀，体积能变为原来的数十倍，可以让你更有饱腹感。

材料 »

椰奶	320 毫升
奇亚籽	80 克
香草精	½ 茶匙
芒果 将果肉切丁	1 颗
枸杞	2 汤匙
烤椰子片	2 汤匙

步骤 »

1. 将椰奶倒入烹饪用的量杯中。

2. 将 80 克奇亚籽平分为 4 份，分别倒入 4 只杯子中。之后往每只杯子里倒入 80 毫升椰奶和几滴香草精。

3. 用保鲜膜盖住杯口并送入冰箱，冷藏至少一小时或隔夜至第二天早晨取出。

4. 食用前，把切好的芒果丁和枸杞撒在盛有奇亚籽的杯中；可根据自己的口味喜好再撒上些烤椰子片。

营养成分表（每份）	
热量（千卡）	160.00
脂肪（克）	8.00
饱和脂肪（克）	2.00
碳水化合物（克）	13.00
膳食纤维（克）	9.00
蛋白质（克）	5.00
盐（克）	0.20

创意变化

你可以把食谱里的椰奶替换成牛奶或者其他植物奶，例如杏仁奶、米乳、豆奶或燕麦奶。另外，还可以在“布丁”表面撒些其他自己喜欢的水果丁和坚果。只需记住奇亚籽和液体的重量比例约为 1 ：4，你就能成功创造出很多新口味。

覆盆子奇亚籽果酱

一罐（约 340 克）

这款果酱是我近期做过的最快手、最简单、最健康的果酱。制作过程中不会用到特殊的锅具或者温度计，也不需要经过熬煮来形成果胶。我们只需利用奇亚籽自身的凝胶能力，就能把覆盆子变成黏稠的果酱。最重要的是，这两种食材都对你的身体健康十分有益！果酱中蜂蜜的用量取决于买到的覆盆子的成熟度，你可以尝尝果酱的味道再灵活调整。

材料 »

新鲜覆盆子	250 克
柠檬 挤出汁	½ 个
蜂蜜	2 ~ 3 汤匙
奇亚籽	3 汤匙

步骤 »

1. 将覆盆子、柠檬汁和 2 汤匙蜂蜜倒入料理机中，搅打至顺滑。如果觉得不够甜可以再根据自己口味加一些蜂蜜。

2. 将奇亚籽倒入搅拌机，再搅打几秒钟，与其他食材混合均匀。

3. 将搅打好的果酱倒入一个干净的、可容纳约 340 克果酱的玻璃瓶中，盖紧盖子，放入冰箱冷藏 1 小时使其变黏稠。这款果酱可冷藏保存数日。

创意变化

你也可以使用冷冻的覆盆子制作这款果酱，把覆盆子冷冻起来就能方便我们随时取材制作了。制作前请记得将冷冻的覆盆子提前从冰箱取出并稍加解冻。

营养成分表（每汤匙）	
热量（千卡）	17.00
脂肪（克）	1.00
饱和脂肪（克）	0.10
碳水化合物（克）	1.00
膳食纤维（克）	1.00
蛋白质（克）	0.50
盐（克）	0.00

燕麦苏打面包

1 条（约切成 12 片）

如果你从来没有烤过面包，首次制作可以试试爱尔兰苏打面包。这种面包的膨胀不是依靠酵母，而是小苏打。因为没有添加酵母，面团也就不用经历漫长的发酵过程，出错的概率也因此大大降低了。燕麦片需要提前烤熟再加入面团中，烤熟的燕麦片颜色较深，加入面包里会使面包颜色显得更好看，而且还会给面包添加些许坚果的风味。食用前可以把面包切片再复烤一下，搭配第 9 页介绍的覆盆子奇亚籽果酱一起吃会更美味哟！

材料 »

无味植物油 比如玉米油，用来涂模具防粘	适量
燕麦片 再额外准备些用来装饰面包表面	125 克
开水	275 毫升
白脱牛奶 再额外准备些用来刷面包表面	200 毫升
脱脂牛奶	150 毫升
小苏打	2 茶匙
全麦面粉	400 克
海盐	1 茶匙

步骤 »

1. 将烤箱预热到 200℃。取一个直径为 23 厘米的不粘模具，往模具里涂一点油，放置一边备用。

2. 将燕麦片倒入一个烤盘中，放入烤箱烘烤 30 分钟。烘烤过程中需偶尔取出烤盘翻动一下燕麦片，使之均匀受热。燕麦片烘烤后颜色会变深，并散发出类似坚果的香气。

3. 将烤好的燕麦片倒入碗中，加入开水与燕麦片混合。静置一段时间让燕麦片充分吸收水分，直到水温变凉。

4. 将烤箱温度降低至 180℃。

5. 将白脱牛奶和脱脂牛奶倒入盛有燕麦片的碗中，搅拌使食材均匀混合。之后加入小苏打、全麦面粉和盐，将全部食材充分混合。

6. 将面糊倒入模具，送入烤箱，烘烤 20 分钟。到时间后，将模具取出，在面包表面刷上适量的白脱牛奶，再撒上一小把燕麦片作为表面装饰，之后再送回烤箱继续烘烤 30 分钟。烘烤的过程中需注意观察面包的上色情况，如果上色太深，请及时加盖锡纸。

7. 烤好后将面包从烤箱中取出，不必着急立刻脱模，先将其自然晾凉，等到模具降温到不烫手的时候再给面包脱模。

营养成分表（每片面包）	
热量（千卡）	171.00
脂肪（克）	2.00
饱和脂肪（克）	0.30
碳水化合物（克）	31.00
膳食纤维（克）	4.00
蛋白质（克）	6.00
盐（克）	0.90

创意变化

如果你买不到白脱牛奶，可以用普通牛奶代替，但需要额外加 1 茶匙塔塔粉，与小苏打混合，再将二者加入其他材料进行制作。

藜麦果仁燕麦粥

4 人份

作为苏格兰人，我偏爱在早餐的时候喝些麦片粥。我所知道的燕麦粥的做法可能得有一百种！在这个食谱中，我使用了藜麦。藜麦不仅富含蛋白质、膳食纤维和维生素 B，也让这道粥更加有嚼劲。煮好粥后再往表面撒些莓果和果仁，不得不说，它真是十分健康的一餐啊！

材料 »

藜麦　175 克
冲洗干净备用

燕麦片　75 克

新鲜莓果（如覆盆子、黑莓、草莓和蓝莓）　200 克

混合果仁（如葵花籽仁、南瓜子仁和亚麻籽）　4 汤匙

枫糖浆　适量

海盐　1 撮

步骤 »

1. 取一口厚底煮锅，往锅中倒入 1 升的冷水，再加入盐。当水开始微微沸腾后，将藜麦倒入锅中，小火煮 10 分钟，期间需要不时搅动一下锅中的藜麦。

2. 将燕麦片倒入锅中，继续煮 10 分钟，直到锅中食材变得像粥一样黏稠。

3. 关火，将煮好的燕麦粥盛入四只餐碗中。再往碗里撒些莓果和混合果仁。如果喜欢吃甜的，还可以淋些枫糖浆，请趁热享用。

营养成分表（每份）	
热量（千卡）	315.00
脂肪（克）	10.00
饱和脂肪（克）	1.00
碳水化合物（克）	40.00
膳食纤维（克）	8.00
蛋白质（克）	12.00
盐（克）	0.20

提前备餐的方法

如果想缩短早餐烹煮燕麦粥的时间，你可以前一晚就把藜麦煮熟，然后再倒入燕麦片，一起浸泡一晚。这样的话，第二天早晨只需简单加热就能将粥煮熟。如果选择预煮的方法，需要将煮藜麦的用水量减少 200 毫升。

苹果派口味燕麦粥

4 人份

这道燕麦粥也是我喜欢的粥品之一，里面加了制作苹果派时经常使用的香料，另外还添加了甜甜的苹果和椰枣，家里的孩子们十分喜爱，因为它尝起来就像在吃布丁！如果在冬天阴冷的早晨不想下床，那么这一碗温热美味的燕麦粥绝对能唤醒你。燕麦粥中的各式食材会缓慢释放热量，准保你一上午都不会饿。

材料 »

燕麦片 150 克

椰枣 4 颗
去核后切碎

肉桂粉 ½ 茶匙

现磨肉豆蔻粉 1 撮

现磨多香果粉 * 1 撮

苹果 2 个
去核后切小块

低脂牛奶 400 毫升
再额外准备些供上餐时使用

海盐 1 撮

步骤 »

1. 将燕麦片、切好的椰枣和各种香料粉倒入一口中号的厚底煮锅中，再加入 ¾ 切好的苹果块和 1 撮海盐。倒入牛奶和 400 毫升热水，开中火加热，不断搅拌直到燕麦粥微微沸腾。

2. 煮沸后保持小火继续煮 15 ～ 20 分钟，一边熬煮一边搅拌，使燕麦粥变得浓稠顺滑。苹果块会慢慢被煮软，锅中的液体也会逐渐被燕麦片吸收。

3. 将煮好的燕麦粥盛入碗中，再撒上剩余的苹果块。另外，再准备一个小奶盅，往里面倒入少量牛奶，与燕麦粥一同上餐。

创意变化

配料中的牛奶可替换为豆浆、米乳或燕麦奶。若想使燕麦粥热量更低，则可以把牛奶替换成水。

*译者注

多香果也被称为牙买加胡椒，具有类似丁香、胡椒、肉桂、肉豆蔻等多种混合香料的芳香气味，所以被称为多香果。

营养成分表（每份）	
热量（千卡）	231.00
脂肪（克）	5.00
饱和脂肪（克）	2.00
碳水化合物（克）	36.00
膳食纤维（克）	4.00
蛋白质（克）	8.00
盐（克）	0.23

彩虹蔬菜烘蛋饼

4 人份

给一家人做早餐时你是否经常感到紧张忙碌，家人们想吃的东西似乎总是不一样。意式烘蛋饼做起来就显得方便多了。趁热吃下能令人心满意足，而且它的饱腹感也很强。同时，这道烘蛋饼对你的健康也很有益处——它包含了各种蔬菜及富含蛋白质的鸡蛋，能开启你愉快的一天，或者晨跑过后把它当作早午餐享用，也是个不错的选择。不管是趁热食用还是放凉至室温后再吃，都很美味。

材料 »

橄榄油	适量
大蒜 去皮后切成末	2 瓣
红彩椒 去籽后切丝	1 个
橙彩椒 去籽后切丝	1 个
西葫芦 切成小块	1 个
彩虹色莙荙菜 * 切碎	5 根
鸡蛋 打散成蛋液	8 个
海盐和现磨黑胡椒	适量

营养成分表（每份）	
热量（千卡）	203.00
脂肪（克）	11.00
饱和脂肪（克）	3.00
碳水化合物（克）	6.00
膳食纤维（克）	3.00
蛋白质（克）	17.00
盐（克）	0.76

步骤 »

1. 将烤炉开至中挡进行预热。（若使用烤箱温度设置约为 200℃）

2. 取一口直径为 25 厘米的适用于放进烤炉的平底不粘锅，倒入橄榄油，开中火加热，将蒜末放入锅中炒熟，注意不要把蒜末炒焦。

3. 将切好的彩椒倒入锅中，加 1 小撮盐，翻炒 5 ～ 6 分钟直至彩椒变软。之后加入切好的西葫芦，继续翻炒 2 分钟至西葫芦微微变软。接着加入切好的莙荙菜和 1 茶匙热水（如果把莙荙菜替换成了菠菜，则不需要加热水），将食材继续炒 4 ～ 5 分钟，直到莙荙菜变得有些收缩蔫巴。

4. 往蛋液中加入适量的盐和黑胡椒调味，将蛋液倒入平底锅中，轻轻地晃动锅使蛋液均匀地铺满锅底。开中小火加热 5 ～ 7 分钟，直到蛋液基本凝固。之后将平底锅放入烤炉中烘烤几分钟，直到蛋饼熟透、并且表面变成漂亮的金黄色。

5. 将平底锅从烤炉中取出，把烘蛋饼的边缘变松动一些，使它从锅中滑到砧板或盘中，切成角状即可上桌。

***译者注**

莙荙菜又称牛皮菜、厚皮菜，此处指叶柄呈黄色或红色的莙荙菜。

创意变化

如果你买不到彩虹色莙荙菜，也可以用瑞士甜菜（也被称为唐莴苣，莙荙菜的一种）、菠菜或其他绿叶菜代替，如嫩卷心菜或者羽衣甘蓝；后两者提到的绿叶菜需要烹煮得久一些才能变软。

营养午餐与沙拉

椰香豌豆冷汤

6 人份

冷汤算是西餐中一道非常精致的菜肴了，它非常适合在炎热的夏季吃午餐时饮用，或者把它盛到小玻璃杯中当作佐餐小食。这道冷汤的制作方法非常简单，各种食材的滋味能够充分融入汤中，喝起来浓郁可口，对身体健康也十分有益。如果天气有点冷，你也可以把汤加热后再饮用。椰奶中饱和脂肪的含量较高，因此还请留意进食的分量。或者你愿意饭后锻炼一下，椰奶中的热量就会很容易被代谢掉了。

材料 »

低脂椰奶	400 毫升
椰子水	400 毫升
柠檬 挤出汁	1 个
菠菜叶	100 克
薄荷 将薄荷叶切碎	1 小把
冷冻豌豆粒 提前解冻	750 克
生姜 去皮后切碎	1 小块（长约 2.5 厘米）
青辣椒 去籽后切碎	1 根
海盐和现磨黑胡椒	适量

步骤 »

1. 预留出 3 汤匙的椰奶放置一旁备用。之后将其他所有食材倒入料理机中，加入 600 毫升的水、几撮盐和黑胡椒，将所有食材打碎至顺滑的状态。如果料理机的容量较小，可以把所有食材混合后分成两份，再分批次搅碎。

2. 尝一尝打好的豌豆汤，根据自己的口味进行调味。

3. 将豌豆汤放入冰箱冷藏，上桌前搅拌均匀盛入碗中，再淋上之前预留的椰奶即可。

将冷汤制成热汤的调味小贴士

这道汤冷吃的时候滋味比较清淡，在调味时可以尝一尝，适当地多放一些调味料。如果将其制成热汤，注意别放太多辣椒，加热后汤中的辣味会更加突显，如果你不爱吃辣，则可酌情减少辣椒的用量。

营养成分表（每份）	
热量（千卡）	117.00
脂肪（克）	6.00
饱和脂肪（克）	5.00
碳水化合物（克）	17.00
膳食纤维（克）	8.00
蛋白质（克）	9.00
盐（克）	0.21

漆树粉奶油南瓜配法老小麦沙拉

4 人份

漆树粉是一种带有柑橘酸味的香辛料，在中东地区颇为流行。它给这道沙拉带来了一丝清爽的口感，使奶油南瓜中的甜味更加均衡，同时也赋予了这道菜些许柠檬的香气。漆树粉值得被列为家中常备的香辛料之一，凡是使用到柠檬汁的菜肴都可以添加一些漆树粉来调味。法老小麦与珍珠大麦类似，煮熟后具有类似坚果的香气，同时也很有嚼劲。近些年来“无麸质”或“低麸质”饮食逐渐流行，于是小麦的受众面逐渐变窄。但事实上是，这些未被加工过的谷物含有丰富的膳食纤维、蛋白质和维生素 B，因此这道沙拉也能算得上是丰盛的一餐。

材料 »

奶油南瓜　1 个
去皮后纵向切成两半，掏出南瓜子，切成 2 厘米见方的小块

大蒜　4 瓣
用刀拍扁，不用去皮

橄榄油　适量

漆树粉　1 茶匙
额外准备一些用于点缀

法老小麦　200 克

羽衣甘蓝　100 克
切成适口大小

烤熟的杏仁片　30 克

海盐和现磨黑胡椒　适量

营养成分表（每份）	
热量（千卡）	367.00
脂肪（克）	13.00
饱和脂肪（克）	2.00
碳水化合物（克）	43.00
膳食纤维（克）	10.00
蛋白质（克）	14.00
盐（克）	0.05

酱汁 »

柠檬　1 个
挤出汁

芝麻酱　2 汤匙

漆树粉　½ 茶匙

蜂蜜　½ 茶匙

步骤 »

1. 将烤箱预热至 200℃。

2. 把奶油南瓜块和大蒜一起放入烤盘，再淋上橄榄油，撒上盐、黑胡椒和漆树粉。将烤盘中的食材翻拌一下，使之均匀地裹上各种调味料。之后将烤盘放入预热好的烤箱烘烤 30 ~ 35 分钟，直到奶油南瓜变软，并产生金棕色的焦边。

3. 在烤南瓜的同时，煮一锅开水，倒入法老小麦。开中小火，保持微微沸腾状态，煮 20 ~ 30 分钟，直到法老小麦被煮软但仍带一点嚼劲儿。在起锅前 5 分钟的时候，将羽衣甘蓝倒入煮小麦的锅里，搅拌均匀与小麦一同煮。

4. 当羽衣甘蓝和法老小麦煮熟后，关火，将它们从锅中倒出，沥干水分后晾凉。

5. 将烤好的奶油南瓜从烤箱中取出。挑出大蒜，把烤软的蒜瓣挤在一个小碗中。然后

用勺子背将蒜瓣捣成蒜泥，加入制作酱汁所需的全部食材，再加入 1 撮盐和黑胡椒调味。往碗中加入 1 茶匙的饮用水，将碗中所有调味料混合均匀，制成沙拉酱汁。

6. 将法老小麦、羽衣甘蓝和烤好的南瓜倒入一个大碗中，轻轻地将食材翻拌均匀。淋上调制好的沙拉酱汁，再撒上些漆树粉和烤杏仁片即可上餐。这道沙拉最多可以冷藏保存 4 天，食用前需再次将沙拉拌匀。

创意变化

食谱中的奶油南瓜可以用其他品种的南瓜代替，或者用红薯或胡萝卜代替也是可以的。如果你买不到法老小麦，可以选用斯佩尔特小麦、青麦或干小麦。你还可以往拌好的沙拉上加一勺意大利乳清奶酪或山羊乳干酪，这道菜的滋味又将上升一个等级了。

鲜虾华尔道夫沙拉

4 人份

经典的华尔道夫沙拉是由苹果、葡萄、芹菜和核桃仁做成的，沙拉中还添加了大量浓郁的蛋黄酱。如果上述那些食材不裹上这层蛋黄酱，则会更有益于身体健康。因此，我选用了脂肪含量更低的希腊酸奶来代替高热量的蛋黄酱。同时，我还往沙拉里加入了许多虾仁，来满足人体对蛋白质的需求。如此一来，你就能吃到一份健康版本的华尔道夫沙拉了。食谱里使用到的芹菜芯是芹菜中较嫩的部分，有些超市也会把芹菜芯取出单独售卖，但价格会相应更高。

材料 »

核桃仁 75 克

罗马生菜（小） 1 棵
切丝

对虾 200 克
煮熟后剥壳，去除虾线

芹菜芯 1 根
切碎

苹果 1 个
去核后切成 1 厘米见方的丁

无籽绿葡萄 100 克
洗净后将葡萄粒对半切开

酱汁 »

希腊酸奶 100 克

第戎芥末酱 ½ 茶匙

苹果醋 1 茶匙

柠檬 ½ 个
挤出汁

海盐和现磨黑胡椒 适量

营养成分表（每份）	
热量（千卡）	258.00
脂肪（克）	16.00
饱和脂肪（克）	3.00
碳水化合物（克）	10.00
膳食纤维（克）	4.00
蛋白质（克）	15.00
盐（克）	1.14

步骤 »

1. 首先将制作酱汁的所有食材倒入一个小碗中，搅拌均匀。如果喜欢酸一点的口味，可以多加一点柠檬汁。

2. 将核桃仁倒入平底锅中，不用放油，开中火焙 2 ~ 3 分钟，直到核桃仁变色，装入沙拉碗。

3. 将切成丝的罗马生菜放入沙拉碗中，再加入虾仁、芹菜碎、苹果丁和葡萄。然后将制作好的酱汁淋入碗中，翻拌一下，使各种食材均匀地裹上酱汁。

加冕鹰嘴豆

4 人份

鹰嘴豆在烹调后能够充分吸收各种调味品的味道，这道菜可谓是素食版的“加冕鸡”*。与传统的冷制鸡肉菜肴不同，这道加冕鹰嘴豆没有使用蛋黄酱调味，而是用酸奶作为酱汁的打底食材。鹰嘴豆富含膳食纤维，能够很好地帮你控制或降低食欲，我保证你吃过这道菜之后就不再想念传统的“加冕鸡”了。另外，我建议你可以提前一天制作这道沙拉，这样各种滋味就能够充分融合在一起了。加冕鹰嘴豆搭配印度香米饭，再加一道蔬菜沙拉，就可以简单地构成一餐了。

材料 »

鹰嘴豆罐头 将鹰嘴豆冲洗干净并沥干水分	2 罐（400 克装）
菜花（小） 切成小朵	1 棵
胡萝卜 切成丁	2 根
小葱 撕去表面干掉的葱叶，洗净切碎备用	3 根

酱汁 »

原味酸奶	200 克
咖喱粉	2 茶匙
姜黄粉	½ 茶匙
孜然粉	1 茶匙
苹果醋	2 茶匙
第戎芥末酱	1 茶匙
海盐和现磨黑胡椒	适量

步骤 »

1. 将沥干水分的鹰嘴豆、切好的菜花、胡萝卜丁和小葱一同放到一个大碗中，将食材翻拌均匀。

2. 将制作酱汁所需的材料全部倒入一个小碗中搅拌均匀，根据自己的口味加入盐和黑胡椒调味。

3. 把制作好的酱汁倒入步骤 1 的大碗中，翻拌均匀，使各种食材都裹上酱汁。用保鲜膜盖住碗口，把沙拉放入冰箱冷藏，上餐前再取出盛盘。这道沙拉可冷藏保存 3 天。

营养成分表（每份）	
热量（千卡）	243.00
脂肪（克）	6.00
饱和脂肪（克）	1.00
碳水化合物（克）	29.00
膳食纤维（克）	10.00
蛋白质（克）	14.00
盐（克）	0.31

*译者注
一道流行于英国的冷制鸡肉菜肴，普遍用蛋黄酱、咖喱粉或咖喱酱进行调味。

烤菜花藜麦石榴沙拉

4 人份

芸薹属的蔬菜，例如菜花、西蓝花、羽衣甘蓝和卷心菜，在被烘烤之后，边边角角被烤得焦焦的，吃起来会更有滋味。将菜花烤熟后，和酸甜的石榴籽拌在一起，淋上酱汁，就算你再抗拒菜花，也会被这道菜的美味所俘虏。这款沙拉看起来颜色鲜亮，尝过后令人心满意足，十分适合与慢炖羊肉、炭烤鸡肉或哈罗米奶酪搭配食用。

材料 »

菜花（大） 切成小朵	1 棵
橄榄油	适量
藜麦 淘洗干净	200 克
扁叶欧芹 取欧芹叶使用	1 小把
石榴 将石榴籽剥出来	1 个
海盐和现磨黑胡椒	适量

酱汁 »

石榴糖浆	1 汤匙
白葡萄酒醋	1 汤匙
大蒜 去皮后捣成泥	1 瓣
特级初榨橄榄油	6 汤匙

步骤 »

1. 将烤箱预热至 190℃。

2. 把改刀后的菜花铺在烤盘中，淋上橄榄油，撒上少许盐和黑胡椒调味。把烤盘里的菜花略微翻拌一下，使之均匀地裹上橄榄油和调味料。之后将烤盘送入预热好的烤箱中，烘烤 20 分钟，中途将烤盘取出给菜花翻面。当菜花的颜色变深后，将烤盘从烤箱中取出。

3. 烤菜花的同时，根据藜麦包装袋上的说明将藜麦煮熟，并沥干水分放置一旁备用。

4. 将制作酱汁所需的全部食材倒入碗中，加入 1 撮盐和黑胡椒，将酱汁充分搅拌融合。

5. 将菜花和煮熟的藜麦倒入一个大沙拉碗中，淋上制作好的酱汁，再将欧芹叶拌入沙拉，最后往碗中撒上石榴籽即可。

营养成分表（每份）	
热量（千卡）	386.00
脂肪（克）	21.00
饱和脂肪（克）	3.00
碳水化合物（克）	36.00
膳食纤维（克）	7.00
蛋白质（克）	11.00
盐（克）	0.11

了解食材

石榴籽中富含维生素 C 和维生素 K，维生素 C 能够帮助你增强免疫系统，维生素 K 则对人体骨骼和血液健康至关重要。另外，石榴中的营养元素还能帮助你抵抗细菌、增强心脏功能和降低血压，甚至被认为有很强的滋补功效！

赤小豆红薯茴香沙拉

4 人份

这道沙拉简直就是为我量身打造的——沙拉里的食材丰富、量大又美味，同时它颜色鲜艳，能够令人食欲大开。沙拉中的赤小豆与藜麦富含蛋白质，能使你整个下午都不觉得饿。这道菜不管是温热着吃还是冷吃都很可口，因此你可以早早地就开始准备，甚至提前一晚就把它制作好。

材料 »

红薯（中等大小） 2 个
去皮后洗净，切成小块

橄榄油 适量

羽衣甘蓝 200 克
择掉菜梗，将叶子切成适口大小

大蒜 1 瓣
去皮后切成末

芝麻菜 60 克

熟赤小豆罐头 1 罐（400 克装）
将赤小豆倒出洗净，沥干水分

煮熟的藜麦 250 克

球茎茴香（大） 1 颗
切成丁

海盐和现磨黑胡椒 适量

营养成分表（每份）	
热量（千卡）	447.00
脂肪（克）	16.00
饱和脂肪（克）	2.00
碳水化合物（克）	55.00
膳食纤维（克）	13.00
蛋白质（克）	13.00
盐（克）	0.36

酱汁 »

大蒜 1 瓣
去皮后捣成泥

苹果醋 $1\frac{1}{2}$ 汤匙

第戎芥末酱 1 茶匙

橙子 $\frac{1}{2}$ 个
榨汁

干辣椒面（可以省略） $\frac{1}{2}$ 茶匙

特级初榨橄榄油 $4\frac{1}{2}$ 汤匙

步骤 »

1. 将烤箱预热至 180℃。

2. 往红薯块上淋适量的橄榄油，撒上些盐和黑胡椒，翻拌一下使红薯块均匀地裹上调味料。将红薯块铺在烤盘中，注意不要互相堆叠，送入预热好的烤箱烘烤 30 分钟。中途将烤盘取出给红薯块翻面，使之均匀受热。

3. 烤红薯的同时取一口煎锅，往锅中倒入适量的橄榄油，开中火烧热。将切好的羽衣甘蓝倒入锅中，加入 1 撮盐和 2 汤匙的水。炒 2 分钟，直到羽衣甘蓝变得有些蔫巴，锅中水分也逐渐收干。将蒜末倒入锅中继续翻炒 2 分钟，直到蒜末变软。

4. 取一口大沙拉碗，将用于制作酱汁的蒜泥、苹果醋、第戎芥末酱、橙汁和辣椒面倒入碗中，再加入适量的盐和黑胡椒，将碗中调料混合均匀。之后缓慢地倒入特级初榨橄榄油，一边倒一边搅拌，碗中的沙拉酱汁便会逐渐乳化。

5. 将芝麻菜倒入步骤 4 的沙拉碗中，再依次加入赤小豆、藜麦、烤红薯块和羽衣甘蓝，将碗中的食材轻轻拌匀。最后再撒上切成丁的球茎茴香即可。

东南亚风味凉拌米粉

4 人份

我的妻子塔娜对于凉拌米粉钟爱有加，尤其喜欢再加上些爽脆的蔬菜、坚果和新鲜的香草。亚洲风味的酱汁由青柠汁、鱼露和辣椒调制而成，是这道菜的点睛之笔，新手也很容易就能学会。因此，爽口的凉拌米粉也成为了我家冰箱里的常备菜。不得不承认，我也是凉拌米粉的爱好者。米粉口味虽然清淡，但是它能给人很强的饱腹感，配菜也是爽脆可口。另外，你还可以往米粉里加上点水煮鸡丝，或者马苏里拉奶酪，这样人体对蛋白质的需求也就能被满足了。

材料 »

糙米米粉 200 克

无盐花生米 100 克
烤熟，切碎

胡萝卜 3 根

黄瓜（中等大小） 1 根
切成条

樱桃萝卜 100 克
洗净后切片

小葱 2 根
撕去表面干掉的葱叶，洗净后切成末

香菜 1 大把
连梗带叶一起切碎

薄荷 1 小把
只取叶子撕碎

酱汁 »

青柠 4 个
挤出汁

龙舌兰糖浆 2 茶匙

鱼露 1 汤匙
可根据口味调整用量

红辣椒（可以省略） ½ 根
去籽后切成末

营养成分表（每份）	
热量（千卡）	386.00
脂肪（克）	13.00
饱和脂肪（克）	2.00
碳水化合物（克）	51.00
膳食纤维（克）	6.00
蛋白质（克）	14.00
盐（克）	0.83

步骤 »

1. 将米粉浸泡在热水中。等米粉泡软之后捞出，冲一下冷水使之降温。

2. 将花生倒入平底锅中，不用放油，开中火焙制，直到花生微微上色。

3. 将胡萝卜刨成形似缎带状的长条薄片，与备好的米粉一同放入碗中。之后将黄瓜条、樱桃萝卜片、葱末、香菜和薄荷也倒入碗中，将各种食材混合均匀。

4. 将青柠汁、龙舌兰糖浆、鱼露和辣椒（不能吃辣可以省略）倒入小碗中混合均匀，制成酱汁。

5. 将调好的酱汁倒入盛有米粉和蔬菜的碗中，撒上花生碎，将各种食材与酱汁拌匀即可。如果一次吃不完，可以盖上保鲜膜后放入冰箱，最多可以冷藏保存 3 天。

如何调制滋味平衡的酱汁

在制作这道凉拌米粉的酱汁时，我们力图达到酸味、甜味、咸味和辣味的相互平衡，不让某一种味道盖过了其他味道。比如说，如果你觉得青柠汁的酸味过多了，就可以加一些龙舌兰糖浆或者鱼露来平衡。调整其他调味品的用量也是同样道理。

鞑靼金枪鱼牛油果

4 人份

鞑靼金枪鱼的卖相总会让人误以为它的制作方法十分烦琐。然而实际上，你可以在几分钟内就把这道菜做好。金枪鱼是一种富含油脂和 OMEGA-3 脂肪酸的鱼类，因此建议人们每周至少食用一次。午餐时选择这道生食鞑靼金枪鱼，再搭配上蔬菜沙拉，会使你感到这一餐轻盈无负担。需要注意的是，制作鞑靼金枪鱼时，请一定选择“寿司级别”可生食的金枪鱼肉，越新鲜越好。等到上餐前的最后一刻，再把各种食材组合在一起，否则青柠汁会浸入金枪鱼，鱼肉遇酸便会变成难看的棕色。这道鞑靼金枪鱼可以与芝麻菜沙拉相搭配，另外可以把皮塔饼脆片（做法见第 190 页）当作小勺子，舀上一勺金枪鱼一起享用。

材料 »

白芝麻（或黑芝麻）	2 茶匙
香葱 切成末	1 小把
酱油	1 汤匙
青柠 挤出汁	1 个
芝麻油	½ 茶匙
金枪鱼鱼柳 切碎	400 克
牛油果（大） 去皮去核后将果肉切成丁	1 个
海盐和现磨黑胡椒	适量

步骤 »

1. 取一口平底不粘锅，开小火，将白芝麻倒入锅中焙炒，等到芝麻变成黄色并散发香味后，将其倒出晾凉备用。（如果使用黑芝麻则不需要焙制）

2. 将葱末、酱油、一半青柠汁和芝麻油倒入小碗中混合均匀。之后加入切好的金枪鱼肉，撒上适量的盐和黑胡椒调味。

3. 将切好的牛油果丁放入另一个碗中，倒入剩下一半的青柠汁，轻轻地翻拌均匀。

4. 把拌好的金枪鱼肉分别盛到四个盘子中，堆成小山的形状。将牛油果丁放在金枪鱼肉上，撒上芝麻粒，趁新鲜立刻上餐。

营养成分表（每份）	
热量（千卡）	224.00
脂肪（克）	12.00
饱和脂肪（克）	3.00
碳水化合物（克）	2.00
膳食纤维（克）	3.00
蛋白质（克）	27.00
盐（克）	0.69

摆盘技巧

我们在餐厅给这道菜摆盘时，会用到一个直径 6 ~ 8 厘米的圆形慕斯圈。在慕斯圈里涂一点芝麻油，然后将它放在盘子中央，先往里面舀入 ¼ 的金枪鱼肉，再舀入 ¼ 的牛油果丁，撒上一些芝麻进行装饰，最后将慕斯圈缓缓提起脱模即可。

健康时蔬印度咖喱角

4 人份（可做 16 个）

我之前没想过“健康”和“萨摩萨饺”* 这两者能有什么联系，但这次我做的萨摩萨饺有些不同。我使用了制作春卷时所需的米皮来代替传统的千层酥饼，再用烤箱烘烤的方式代替了油炸，如此一来饺子就不会吸收过多的油分了。萨摩萨饺里被塞入了满满的蔬菜馅料，这一版本的萨摩萨饺可以说是非常健康了。我的孩子们对这道菜喜爱至极，于是我经常在家做一些来当作他们放学后的小零食，同时也可以款待来家里做客的同学们。

材料 »

印度混合咖喱粉	1½ 茶匙
孜然粉	1½ 茶匙
芫荽籽粉	1½ 茶匙
黑芥末籽	1½ 茶匙
椰子油 额外准备一些用来刷饺子表面	1 汤匙
洋葱 去皮后切成丁	1 颗
大蒜 去皮后切成末	1 瓣
生姜 去皮后磨成姜蓉	1 小块（长约 2.5 厘米）
菜花（小） 切成大约长 1 厘米的小朵	1 棵
胡萝卜 切成 1 厘米见方的丁	1 根
冷冻豌豆粒 提前拿出解冻	100 克

营养成分表（每份）	
热量（千卡）	224.00
脂肪（克）	12.00
饱和脂肪（克）	3.00
碳水化合物（克）	2.00
膳食纤维（克）	3.00
蛋白质（克）	27.00
盐（克）	0.69

*译者注：

萨摩萨饺俗称咖喱角，是印度知名的小吃，用面皮包裹咖喱馅儿，捏成三角形油炸而成。

春卷米皮	16 张
海盐和现磨黑胡椒	适量

步骤 »

1. 将烤箱预热至 200℃。

2. 取一口大号平底锅，开中火加热，将各式香料都倒入锅中。将香料炒制约 30 秒使香味迸发，之后往锅中加入椰子油、洋葱丁和 1 撮盐。转成中小火，炒 6 ~ 8 分钟直到洋葱变软。

3. 接着将蒜末和姜蓉倒入锅中，继续炒 2 分钟。之后，加入切好的菜花、胡萝卜丁和 100 毫升热水。开中高火，将锅中食材煮沸，不断翻炒锅中蔬菜直到它们微微变软但还保留一点脆脆的口感（约炒 4 ~ 5 分钟）。

4. 当锅中水分快要收干时，加入解冻后的豌豆粒，继续煮 2 ~ 3 分钟。尝一尝锅中的蔬菜，如果觉得味道不够可以再加点调味料。关火，将炒好的蔬菜晾凉备用。

5. 准备开始包萨摩萨饺。取一个浅口盘子，往里面倒入一点温水。将米皮浸入水中，使它变得柔软（注意不要浸泡太长时间，否则米皮容易破开）。将泡软的米皮放在砧板上，从左往右将米皮对折，形成一个半圆形，半圆形的弧线朝右。

6. 舀起满满一勺炒好的蔬菜馅，倒在半圆形米皮的中间。将米皮下半部分的角提起，沿着弯曲的边向上折叠三分之二，再把上面的角折下来，把蔬菜馅包裹起来，然后捏紧边缘封口。米皮在蘸了水后应该很容易就能粘在一起。如果米皮有点变干了，就用手指再蘸点水，沿着米皮的边缘涂抹一下，以帮助捏紧封口。重复以上步骤，将剩余的萨摩萨饺包好。

7. 将包好的萨摩萨饺封口朝下放在烤盘上，往每个饺子的表面刷上些椰子油。将萨摩萨饺送入预热好的烤箱，烘烤 10 分钟。

8. 到时间后，将烤盘取出，给每个萨摩萨饺翻个面，再刷上些椰子油，送回烤箱继续烘烤 10 分钟。

9. 萨摩萨饺烤好后即可趁热享用。也可以放凉后将它带出去野餐，或者装入饭盒当作一份午餐。

精致晚餐与配菜

奶油南瓜意面佐核桃鼠尾草青酱

4 人份

把南瓜、红薯或者西葫芦做成“意大利面”的样子，是不是听起来很有创意，这个做法不仅视觉上看起来让人很有食欲，而且也是一个增加蔬菜摄入量的好方式。核桃鼠尾草青酱适合与多种菜肴搭配，例如鸡肉、猪肉，同时这款青酱还可以搭配烤蔬菜，或者拌入意大利烩饭。因此你可以一次性多做一些青酱，它可以在冰箱里冷藏保存一周。

材料 »

奶油南瓜（大）	1 个
橄榄油	适量
大蒜 去皮后切成末	1 瓣
帕玛森乳酪碎（可以省略） 撒在表面作为装饰	适量
海盐和现磨黑胡椒	适量

核桃鼠尾草青酱 »

新鲜鼠尾草 只取叶子使用	6 枝
扁叶欧芹 只取叶子使用	小半把
大蒜 去皮后切成末	1 瓣
核桃仁	75 克
柠檬 挤出汁	½ 个
特级初榨橄榄油	6 汤匙
海盐和现磨黑胡椒	适量

步骤 »

1. 首先制作青酱。将鼠尾草、欧芹、蒜末和核桃仁放入料理机中，将食材先大致地搅碎。

2. 接着往料理机中倒入柠檬汁和橄榄油，加入少许盐和黑胡椒，继续搅打，各种食材将逐渐开始乳化。如果青酱很稠不容易搅打，可以加入少许温水。尝一尝味道，如果觉得滋味不够可以再加些盐。

3. 制作“南瓜意面”时，需要把奶油南瓜顶部的柄切掉不用，球形的底部也需切掉（底部的南瓜可以用于制作南瓜汤，或者第 18 页的菜品）。剩余的南瓜中段部分削皮，用螺旋式切丝器或刨丝器将南瓜刨成像意大利面似的长条状。

4. 取一口大号煎锅，倒入橄榄油，开中火加热。之后将切好的蒜末倒入锅中，翻炒 1 分钟。接着加入“南瓜意面”，用中火继续翻炒 4 ~ 5 分钟，直到“南瓜意面”微微变软，但还保留一点嚼劲。关火，往锅中加入少许盐和黑胡椒调味。

5. 将制作好的青酱拌入炒好的意面中。上餐前，将意面碗提前温一下，避免盛入碗中的意面降温过快。将意面盛入碗中，撒上帕玛森乳酪碎即可上餐。

营养成分表（每份）	
热量（千卡）	359.00
脂肪（克）	31.00
饱和脂肪（克）	4.00
碳水化合物（克）	13.00
膳食纤维（克）	4.00
蛋白质（克）	5.00
盐（克）	0.02

烤三文鱼配蒜香蘑菇小扁豆沙拉

4 人份

在寒冷的冬天还吃沙拉听起来似乎有些奇怪，但这道包含了小扁豆、蘑菇和芝麻菜的温沙拉确实适合在冬日享用。在晚秋或者冬天寒冷的日子里，许多用于制作沙拉的蔬菜已经过季了，这道菜也就显得更加丰盛诱人了。光是这款沙拉本身就很好吃，与烤三文鱼搭配后更是回味无穷；此外，三文鱼肉能为你的膳食补充蛋白质、健康脂肪以及大量的维生素和矿物质。

材料 »

小扁豆	200 克
月桂叶	1 片
百里香	2 枝
蔬菜高汤（或清水）	800 毫升
橄榄油	1 汤匙
栗蘑 将每朵蘑菇切成 8 小块	200 克
平菇（或大褐菇） 切成薄片	200 克
大蒜 去皮后切成末	2 瓣
三文鱼鱼片	4 份（每份重约 100 克）
芝麻菜	100 克
海盐和现磨黑胡椒	适量

营养成分表（每份）	
热量（千卡）	480.00
脂肪（克）	20.00
饱和脂肪（克）	3.00
碳水化合物（克）	29.00
膳食纤维（克）	9.00
蛋白质（克）	43.00
盐（克）	0.78

酱汁 »

大蒜 去皮后捣成泥	1 瓣
白葡萄酒醋	2 汤匙
芥末酱（含整粒芥末籽的）	1 茶匙
蜂蜜	1 茶匙
特级初榨橄榄油	1 汤匙
饮用水	1 汤匙

步骤 »

1. 将生的小扁豆倒入一口大号煮锅中，加入月桂叶、百里香和高汤（或清水）。开中高火将锅中食材煮沸。之后转为小火，保持微微沸腾的状态，继续煮 15 ~ 20 分钟直到小扁豆被煮软。

2. 在煮小扁豆的同时，取一口厚底煎锅，往锅里倒入一些橄榄油，开中高火加热。油热后，往锅里倒入切好的蘑菇，再撒1撮盐调味。不断地翻炒蘑菇，约 6 ~ 8 分钟，直到蘑菇变软，边缘变得有些焦焦的。

3. 将蒜末放入煎锅中，与蘑菇一起翻炒 2 分钟后关火。

4. 当小扁豆被煮软后，将其从锅中倒出并沥干水分，把一同煮制的香料叶挑出丢弃。将小扁豆倒入沙拉碗中，加入炒好的蘑菇，轻轻翻拌均匀，避免将小扁豆捣碎。

5. 把制作酱汁需要的所有调味料倒入一个带盖的玻璃瓶中，加入 1 撮盐和 1 撮黑胡椒调味。盖上盖子，使劲摇晃玻璃瓶，使瓶内酱汁乳化、混合均匀。

6. 把烤炉开至高挡预热，将三文鱼烤制 6 ~ 8 分钟，到你喜欢的成熟度。

7. 将步骤 5 制作好的酱汁往小扁豆沙拉里先倒一半，轻轻翻拌使各种食材均匀地裹上酱汁。接着再拌入芝麻菜，然后把烤好的三文鱼摆在沙拉的最上面，淋上剩余的酱汁，即可上餐。

如何节约烹饪时间

为了减少备菜时间，可以直接选用罐头装或袋装的煮熟的小扁豆。为准备 4 人份的沙拉，需要使用 2 罐重约 400 克的小扁豆罐头，或者 2 ~ 3 份袋装小扁豆。

纸包味噌烤鳕鱼

4 人份

味噌银鳕鱼是一道广受欢迎的日本料理，经由 Nobu 餐厅的制作与推广，这道菜开始在世界各地流行起来。但实际上，银鳕鱼并不是鳕鱼。我在英国不太容易买到银鳕鱼，所以我就用同样美味的深海鳕鱼来代替。这道菜十分适合在宴客时与大家分享，你可以不慌不忙地将鳕鱼提前腌制好，裹进纸包内，在准备开餐的最后时刻再放进烤箱烘烤。当大家在餐桌上撕开裹着鳕鱼的纸包后，鲜美的味噌香气便能扑面而来。这道菜适合与大米饭和炒时蔬搭配享用。

材料 »

材料	用量
味醂	4 汤匙
白味噌	2 汤匙
枫糖浆	1 汤匙
酱油	2 茶匙
鳕鱼柳 去皮去刺	4 份（每份约 125 克）
橄榄油	适量
小白菜 将叶片掰下	4 棵
生姜 去皮后切成火柴棍粗细	1 小块（长约 4 厘米）
小葱 撕去表面干掉的葱叶，洗净切成薄片	4 根

营养成分表（每份）	
热量（千卡）	171.00
脂肪（克）	1.00
饱和脂肪（克）	0.10
碳水化合物（克）	15.00
膳食纤维（克）	3.00
蛋白质（克）	24.00
盐（克）	1.35

步骤 »

1. 将味醂、味噌、枫糖浆和酱油倒在一个浅盘中混合均匀。将鳕鱼柳放入盘中，来回翻动一下鱼柳，使鱼肉正反面都裹上酱汁。用保鲜膜盖上盘中的鱼肉，放入冰箱冷藏腌制至少 4 小时，最长可冷藏腌制 2 天。

2. 将烤箱预热至 170℃。

3. 取 4 张烘焙用的油纸或锡箔纸，在油纸上淋一些橄榄油，之后往油纸中央放上一把小白菜叶。接着再往白菜叶上放些切好的姜丝与小葱。将腌制好的鳕鱼肉放在最上面，往鱼肉上再舀一点腌制用的酱汁。

4. 把油纸或锡箔纸的边缘紧紧地卷在一起，折叠成一个小包裹的样子；注意纸包不要裹得太小，需要留出些空间让蒸汽循环。将裹好的纸包放置在烤盘中。

5. 将烤盘送入预热好的烤箱，烘烤约 10 ~ 12 分钟，直到鱼肉烤熟。

6. 烤好后将烤盘取出，让纸包静置几分钟。之后再将每个纸包放在盘中上餐，由食客亲手打开。

了解菜谱

这道菜不仅美味营养，同时脂肪含量也很低，因此十分适合你在控制体重的时期享用。

金枪鱼排佐芒果黄瓜莎莎酱

2 人份

富含脂肪的各种鱼类，例如金枪鱼，富含对身体有益的Omega-3脂肪酸，它可以保护心脏、降低血压和减少动脉中的脂肪堆积。Omega-3 脂肪酸对于身体健康至关重要，因此英国政府的相关部门鼓励民众至少每周食用一次富含脂肪的鱼类。如果你的孩子们不喜欢吃鱼，可以让他们试试这道金枪鱼排，再搭配上清爽的莎莎酱，会显得更加诱人——如果孩子们不能吃辣的，可以将辣椒省略。

材料 »

芒果（小） 1 颗
去皮后切成丁

紫皮洋葱（小） 1 颗
去皮后切成丁

黄瓜 ½ 根
切成丁

香菜 1 小把
大致切碎

罗勒叶 1 小把
大致切碎

无盐花生 25 克
大致切碎

红辣椒 1 根
去籽后切成末

鱼露 2 茶匙

青柠 2 个
挤出汁

橄榄油 适量

金枪鱼排 2 块（每块约重 175 克）

嫩莴苣生菜 2 棵
将叶子掰下洗净

海盐和现磨黑胡椒 适量

营养成分表（每份）	
热量（千卡）	416.00
脂肪（克）	13.00
饱和脂肪（克）	2.00
碳水化合物（克）	18.00
膳食纤维（克）	6.00
蛋白质（克）	54.00
盐（克）	1.36

步骤 »

1. 将芒果丁、洋葱丁、黄瓜丁、切碎的香菜、罗勒叶、花生和辣椒末混合在一起。再倒入鱼露和青柠汁，将各种食材拌匀制成酱汁。

2. 往金枪鱼排的正反面都淋一些橄榄油，稍加揉搓使橄榄油浸润鱼肉，接着往鱼排上撒上适量的盐和黑胡椒。

3. 取一口厚底不粘锅，开大火加热。锅热后，将鱼排轻轻地放入锅中，每面煎制 50 秒。关火后，把煎好的鱼排盛到盘中，让鱼肉静置一段时间。

4. 将莴苣生菜叶倒入酱汁中，轻轻翻拌一下再盛到餐盘里。将煎好的鱼排改刀成粗条，摆放在莴苣生菜叶上即可。

菲力牛排佐棉豆茴香泥

2 人份

健康的饮食并不意味着要牺牲食物可口的味道。这道食谱中所展现的牛排与配菜绝对能令人印象深刻——其中配菜包含了口感醇厚柔滑的菜泥、浓郁的平菇和酥脆的羽衣甘蓝。这道牛排十分适合在生日聚会或者周年纪念日之时为家人制作，或者在与朋友聚餐时加量制作，与大家一同分享。当朋友们大快朵颐之时，没有人会意识到他们所吃的这道菜其实是多么健康低脂！

材料 »

材料	用量
菜籽油 额外准备些用于煎牛排	½ 汤匙
红葱头（大） 去皮后切成丁	2 个
球茎茴香 撕去表面干掉的皮，切成 1 厘米见方的丁	2 颗
新鲜月桂叶	1 片
低脂牛奶	150 毫升
鸡高汤	250 毫升
棉豆罐头 将棉豆倒出冲洗干净后沥干水分	1 罐（400 克装）
羽衣甘蓝 仅取叶子部分使用	75 克
橄榄油	适量
菲力牛排	2 块（每块牛排重约 150 克）
平菇 撕成宽 1 厘米的长条状	150 克
欧芹 大致切碎	小半把
柠檬 挤出汁	½ 个
海盐和现磨黑胡椒	适量

营养成分表（每份）	
热量（千卡）	488.00
脂肪（克）	18.00
饱和脂肪（克）	5.00
碳水化合物（克）	24.00
膳食纤维（克）	16.00
蛋白质（克）	50.00
盐（克）	0.69

步骤 »

1. 将烤箱预热至 160℃。

2. 取一口煮锅，往锅中倒入菜籽油，开中高火加热。当油热后，倒入切碎的红葱头、球茎茴香和月桂叶，用中小火炒 8 分钟。

3. 往锅中倒入牛奶和鸡高汤，将锅中食材煮沸，之后转成小火，保持微微沸腾的状态，继续炖煮 10 分钟，直到球茎茴香被煮软。

4. 将棉豆倒入锅中，继续炖煮 10 分钟，直到锅中所有食材都变软成泥。

5. 同时，往羽衣甘蓝叶上淋一些橄榄油，再撒上 1 小撮盐，翻拌一下使之均匀地裹上调味料。将羽衣甘蓝叶平铺在烤盘中，注意彼此之间不要互相堆叠。将烤盘送入烤箱烘烤 15 分钟，直到羽衣甘蓝被烤脆。取出烤盘，把烤好的羽衣甘蓝晾凉。

6. 将煮锅中的月桂叶取出丢弃不用，之后把锅中其他的所有食材倒入料理机中，再加适量的盐调味，开启料理机将食材搅打顺滑。如果不易搅打，可以往料理机里倒一点点饮用水，再继续启动机器。

7. 往牛排的正反面刷少许菜籽油，再撒上适量的盐和现磨黑胡椒。取一口大号的煎锅，开大火加热到锅快冒烟的时候，将牛排轻轻地放入锅中煎制，使牛排表面形成焦褐色。

8. 之后将牛排转入烤盘，放入烤箱烘烤 8 分钟至牛排三分熟。到时间后，取出烤盘，用锡箔纸盖住烤盘，并放到一个温暖处，让牛排在烤盘中静置 10 分钟。

9. 静置牛排的同时我们来炒制平菇。还使用刚刚煎制牛排的煎锅，往锅里倒入适量的橄榄油，开中高火加热。油热后，往锅中倒入撕成条的平菇，翻炒 3 分钟，直到蘑菇变软并微微上色。关火，往锅中撒适量的盐和现磨黑胡椒给平菇调味。之后把切好的欧芹碎拌入锅中，最后再淋上柠檬汁。

10. 上餐前，将餐盘提前温一下。把蔬菜泥盛入餐盘，牛排摆放在盘中的一侧。最后再盛上炒好的平菇，放上一把羽衣甘蓝即可。

肉丸西葫芦意面

4 人份

这道美味的西葫芦意面在大西洋两岸非常受欢迎。与平常我们所吃的意大利面一样，这道肉丸西葫芦意面吃过后能令人感到饱腹又舒服。但不同的是，这道意面还可以大大增加你的蔬菜摄入量，味道和口感却丝毫不受影响。肉丸西葫芦意面可以搭配意大利青酱或其他经典口味的意面酱。

材料 »

西葫芦（大） 4 个

橄榄油 适量

帕玛森乳酪碎（可以省略） 适量
撒在表面作为装饰

肉丸 »

火鸡瘦肉末 500 克

洋葱（小） 1 颗
去皮后切成细末

大蒜 2 瓣
去皮后切成末

伍斯特沙司 2 茶匙

鸡蛋 1 个
打成蛋液

海盐和现磨黑胡椒 适量

番茄意面酱 »

橄榄油 适量

洋葱 1 颗
去皮后切成丁

大蒜 2 瓣
去皮后捣碎

番茄泥 1 汤匙

番茄罐头 2 罐（400 克装）
番茄切碎

干牛至叶 ½ 茶匙

意大利香醋 ½ 茶匙

海盐和现磨黑胡椒 适量

营养成分表（每份）	
热量（千卡）	291.00
脂肪（克）	7.00
饱和脂肪（克）	1.00
碳水化合物（克）	16.00
膳食纤维（克）	5.00
蛋白质（克）	39.00
盐（克）	0.49

步骤 »

1. 用螺旋式切丝器或刨丝器将 4 个西葫芦刨成像意大利面似的长条状，放置一旁备用。

2. 将火鸡瘦肉末倒入一个碗中，加入洋葱末、蒜末、伍斯特沙司、鸡蛋液、1 撮盐和黑胡椒，将碗中所有食材搅拌均匀。

3. 将手打湿，把碗中的肉馅搓成 20 个肉丸，放在盘中，盖上保鲜膜，放入冰箱冷藏 30 分钟。

4. 冷藏肉丸的同时来制作番茄意面酱。取一口大号的煎锅，往锅中倒入橄榄油，开中火加热。油热后加入洋葱丁，炒 5 ~ 6 分钟直到洋葱变软，接着加入捣碎的大蒜继续翻炒 1 分钟。

5. 将番茄泥倒入锅中，翻炒 2 分钟，再加入碎番茄、干牛至叶、意大利香醋、1 撮盐和现磨黑胡椒。将锅中食材翻炒均匀，保持微微煮沸的状态，煮 10 分钟，直到锅中的汤汁变得浓稠。

6. 准备煎制肉丸。另取一口煎锅，往锅中倒入橄榄油，开中火加热。油热后将肉丸摆入锅中，偶尔翻动一下使肉丸各个面均匀上色。将煎成棕色的肉丸倒入熬番茄酱的锅中，继续炖煮 10 分钟，其间仍需不断翻动肉丸，将肉丸完全煮熟。（如果酱汁变得过于浓稠，可以加 50 ～ 100 毫升的水来稀释一下。）

7. 取刚刚煎肉丸使用的那口煎锅，往锅中倒入 1 茶匙橄榄油，然后将西葫芦条放入锅中，用中火翻炒 3 ～ 5 分钟，直到西葫芦条微微变软，但还保留一点嚼劲。

8. 将炒好的西葫芦条盛入盘中，再倒上煮好的肉丸番茄酱，撒上帕玛森乳酪碎即可。

健身训练日饮食搭配建议

若打算第二天进行高强度的健身训练，你可以把西葫芦意面替换成全麦意大利面，再与肉丸搭配食用。

煎羊肉配菜花塔博勒沙拉

4 人份

食客们对菜花这种蔬菜可谓是避之不及，因为它总能让人想起学校食堂里难吃的晚餐。大部分学生对平淡无味的菜花总是挑挑拣拣，除非是搭配芝士酱烤制的菜花。但有研究表明，人们其实应该多吃菜花，因为它含有丰富的维生素 C 和叶酸。这道食谱使用了料理机来将生菜花快速地搅散，使它变成了类似大米或古斯米的样子，尝起来也是口感酥脆，适合做成无麸质的塔博勒沙拉（如果你正在健身或准备参加某项体育比赛，你可以在这个沙拉中加入一些煮熟的古斯米或干小麦）。这款沙拉与香煎瘦羊肉、哈罗米奶酪或鸡肉相搭配也绝对美味。

材料 »

菜花（中等大小） 1 颗
将叶子去掉不用

特级初榨橄榄油 3 汤匙

圣女果 250 克
每个圣女果切成 4 瓣

紫皮洋葱 1 颗
去皮后切成小丁

黄瓜 1 根
切成小丁

欧芹 1 大把

薄荷 1 小把
取叶子使用

柠檬 1 个
挤出汁

菜籽油 适量
用于煎制羊排

羊腿肉 4 份（每份重约 110 克）
去除掉多余的脂肪

海盐和现磨黑胡椒 适量

柠檬 1 个
切成 4 角，上餐时使用

营养成分表（每份）	
热量（千卡）	391.00
脂肪（克）	20.00
饱和脂肪（克）	5.00
碳水化合物（克）	11.00
膳食纤维（克）	6.00
蛋白质（克）	38.00
盐（克）	0.26

步骤 »

1. 处理菜花有两种方式可以选择，你可以握住菜花的梗，把它放在一个粗孔刨丝器上磨碎；或者可以把菜花切成一小朵一小朵的样子，再放入料理机中，打碎成形似米饭的颗粒状。不管选用哪种方式，需确保菜花颗粒大小几乎一致。

2. 将菜花碎放入一个大碗中，淋上 1 汤匙橄榄油，翻拌一下使之裹上橄榄油。

3. 将切好的圣女果、洋葱丁和黄瓜丁倒入碗中拌匀。然后将欧芹叶卷成一个烟卷的形状切成细丝，放入碗中；欧芹的茎则可以丢掉，或者保留起来用于以后制作蔬菜高汤。接着将薄荷叶切碎也加入碗中。

4. 将碗中所有的食材翻拌均匀，倒入柠檬汁。将橄榄油淋在碗中，加 1 撮盐和黑胡椒。将沙拉翻拌一下尝尝，如果觉得滋味不够可以再多加些橄榄油、盐和现磨黑胡椒。

5. 取一口煎锅，往锅中倒入菜籽油，开大火加热。油热后将羊腿肉放入锅中，每一面煎制 2.5 ~ 3 分钟，直到羊腿肉被煎制成金棕色。

将煎好的羊腿肉从锅中取出，放在一旁静置一段时间。

6. 往羊腿肉上撒适量的盐和现磨黑胡椒进行调味，再将羊腿肉改刀成条状并盛入盘中。之后再盛上制作好的菜花塔博勒沙拉，摆上柠檬瓣即可。

了解食材

作为一名主厨，我习惯在烹饪时给黄瓜去皮去籽，但考虑到黄瓜皮和黄瓜籽中富含可溶性纤维和其他营养物质，因此建议不要对黄瓜进行过多的加工处理，只需在烹饪前将黄瓜洗干净就可以啦。

酸柠汁腌海鲈鱼

4 人份

酸柠汁腌鱼（用柠檬汁或青柠汁腌制的生鱼）可谓是一道健康美味——它不仅脂肪含量低，而且味道浓郁。由于鱼肉没有经过加热，它保留了所有在烹饪过程中可能会流失的营养素。制作这道菜所使用的鱼肉一定要保证是最新鲜的——这是能够使这道菜成功的秘诀。用扇贝、海鲷或其他肉质厚实的白肉鱼类来代替海鲈鱼也会非常好吃，佐餐的也可以换成无盐玉米片、烤黑麦面包和蔬菜沙拉。

材料 »

海鲈鱼鱼柳 400 克
将鱼柳去皮去刺，再切成大小适口的块状

紫皮洋葱 1/4 颗
去皮后切薄片

红辣椒 1 根
去籽后切成末

柠檬 1½ 个
挤出汁

番茄（中等大小） 4 个
切成小丁

扁叶欧芹 1 小把
一半摘下完整的叶片，另一半切成碎末

海盐和现磨黑胡椒 适量

营养成分表（每份）	
热量（千卡）	191.00
脂肪（克）	10.00
饱和脂肪（克）	2.00
碳水化合物（克）	4.00
膳食纤维（克）	1.00
蛋白质（克）	21.00
盐（克）	0.19

步骤 »

1. 将切好的海鲈鱼、洋葱片、辣椒末、柠檬汁、一半的番茄丁和欧芹末放入一个大碗中，再撒上 1 撮盐，将碗中食材拌匀后腌制 10 分钟（或最多腌制 30 分钟）。

2. 上餐前可以尝一尝鱼肉，如果觉得滋味不够可以再做调整。将腌制好的酸柠汁海鲈鱼盛入盘子或浅口碗中，撒上剩余的番茄丁和欧芹叶即可。

腌制海鲈鱼的最佳时机

不要过早地给海鲈鱼肉进行调味，最好等到上餐的前夕再着手制作；否则，酸酸的柠檬汁会浸入鱼肉，而鱼肉遇酸则会失去其紧实的口感。理想情况下，只需要将鱼肉腌制 10 分钟即可，最多不要超过 30 分钟。

薄切西葫芦茴香沙拉

4 人份

我常常为增加蔬菜（尤其是生食）的摄入量而苦苦寻找各种办法。这道菜制作方法简便，口味清爽又独特——把西葫芦和球茎茴香切成薄片，拌上少许柠檬汁调味，再往盘中撒上些如宝石般透亮的石榴籽、新鲜薄荷和黑芝麻，绝对能让人眼前一亮！为了使这道菜看起来更加丰盛，你还可以往上面撒点菲达奶酪碎或山羊乳干酪碎。

材料 »

球茎茴香（大） 对半切开，切成薄片	1 颗
柠檬 挤出汁、擦下柠檬皮屑	½ 个
西葫芦（中等大小）	2 个
特级初榨橄榄油	2 汤匙
薄荷叶 切成细丝	1 把
石榴 将石榴籽剥下来	½ 个
黑芝麻（可以省略）	2 茶匙
海盐和现磨黑胡椒	适量

步骤 »

1. 将切好的球茎茴香片放入碗中，倒上柠檬汁。

2. 拿一个刮皮刀，将西葫芦刨成形似缎带状的长条薄片，加入刚刚盛球茎茴香片的碗中。

3. 往碗里撒适量的海盐和黑胡椒调味，再淋上些橄榄油。将碗中食材翻拌均匀后静置 10 分钟。

4. 10 分钟后，先加入一半切成丝的薄荷叶，与食材翻拌均匀。尝一尝味道，如果觉得滋味不够可以多加些调味料和柠檬汁。将沙拉盛入餐盘中，撒上石榴籽、柠檬皮屑和剩余的薄荷叶。如果用到黑芝麻的话，可以最后往沙拉表面撒上一些进行点缀。

营养成分表（每份）	
热量（千卡）	106.00
脂肪（克）	6.00
饱和脂肪（克）	1.00
碳水化合物（克）	7.00
膳食纤维（克）	6.00
蛋白质（克）	3.00
盐（克）	0.04

双豆芹菜沙拉

4 人份

这是一道颜色鲜亮的绿色蔬菜沙拉，可以给肉类的菜肴增添爽脆的口感，例如可以与第36 页的纸包味噌烤鳕鱼，或第 38 页的金枪鱼排相搭配。你可以在大多数的超市买到带荚或脱荚的甜豆或毛豆，但如果你买不到新鲜的毛豆，也可以购买冷冻的毛豆粒——就像常见的冷冻豌豆一样，它们在采摘后数小时内就被冷冻储存，所以仍然富含各类营养素。

材料 »

毛豆粒 350 克

甜豆豆荚 200 克
将豆荚头尾的硬筋撕掉

芹菜梗 3 根
去掉表面的粗纤维，留一些芹菜叶用于装饰菜肴

豌豆苗 适量
用于装饰菜肴

酱汁 »

白米醋 1 汤匙

酱油 1 汤匙

大蒜 1 瓣
去皮后捣成泥

无味食用油 2 汤匙

步骤 »

1. 如果选用新鲜的生毛豆粒，请先根据包装袋上的说明，将毛豆粒倒入加了盐的沸水中煮熟。然后把煮熟的毛豆粒冲一下凉水，或者倒入冰水中，使其快速降温避免余温让豆粒变老。等毛豆粒晾凉后，沥出多余的水分，并将豆粒表面蘸干。

2. 同时，将每个甜豆豆荚斜切成三段，放入碗中备用。

3. 将芹菜梗纵向切开，再斜切成宽 1 厘米的小块。把切好的芹菜、甜豆豆荚和毛豆粒一同放入碗中。

4. 将制作酱汁所需的材料混合均匀，再倒入盛有蔬菜的碗中，将各种食材与酱汁翻拌均匀。最后，点缀上芹菜叶和豌豆苗即可。

营养成分表（每份）	
热量（千卡）	182.00
脂肪（克）	10.00
饱和脂肪（克）	2.00
碳水化合物（克）	8.00
膳食纤维（克）	6.00
蛋白质（克）	12.00
盐（克）	0.64

如何将冷冻的毛豆粒解冻

将冷冻的毛豆粒倒入适用于微波炉的碗中，加入一汤匙水，盖上盖子，放进微波炉内加热 3 分钟，或根据毛豆粒包装上的说明来进行解冻。也可以将冷冻的毛豆粒直接倒入沸水中煮制 3 分钟。

唐杜里香烤菜花*

6 人份

把整个菜花拿来直接烤制的做法听起来十分简单，但呈现出来的菜品绝对能引人瞩目。如果举办一场印度主题的宴会，它将是餐桌上最吸引人的菜肴。当你在餐桌上把烤好的菜花切开的时候，就仿佛在切分一个精美的蛋糕。这道菜不仅色香味俱全，最重要的是烹饪方法极其简单——你只是需要多花一点时间，以让加有香料的酸奶酱汁渗透到密实的菜花中。

材料 »

大蒜 2 瓣
去皮，擦碎

生姜 1 小块（长约 2 厘米）
去皮，擦碎

唐杜里马萨拉综合香料 1 汤匙

辣椒粉（可以省略） 1 茶匙

柠檬 ½ 个
挤出汁

原味酸奶 150 克

菜花（中等大小） 1 颗
去掉叶子，把底部削平整

橄榄油 适量

干辣椒面（可以省略） 适量
用于装饰菜肴

海盐 适量

酱汁 »

白米醋 1 汤匙

酱油 1 汤匙

大蒜 1 瓣
去皮后捣成泥

无味食用油 2 汤匙

步骤 »

1. 将蒜末和姜末放入碗中。加入唐杜里马萨拉综合香料、辣椒粉（如果用到的话）和柠檬汁，将香料拌成糊状。接着加入酸奶，继续搅拌直到碗中的香料酱混合均匀。根据自己口味加入适量的盐进行调味。

2. 将菜花底面朝上放入盛有香料酱的碗中。把手洗干净后，用手直接把酱料均匀地涂抹在菜花表面，腌制至少 20 分钟，最多可腌制 12 小时。（如果腌制时间超过 20 分钟，需要用保鲜膜盖住碗口，放入冰箱中冷藏）

3. 在准备烤制菜花之前，将烤箱预热至 180℃。

4. 往烤盘里涂抹一层薄薄的橄榄油，将腌制好的菜花底面朝下放在烤盘上，再淋上碗中多余的酱汁。将烤盘送入预热好的烤箱，烘烤 35 ～ 40 分钟，直到菜花被烤软，表面颜色变成金黄色。

5. 将烤好的菜花盛入餐盘中，撒上干辣椒面作为点缀。像切蛋糕似的将菜花切成一角一角的样子，即可上餐。

营养成分表（每份）	
热量（千卡）	66.00
脂肪（克）	2.00
饱和脂肪（克）	1.00
碳水化合物（克）	6.00
膳食纤维（克）	2.00
蛋白质（克）	4.00
盐（克）	0.93

***译者注**
唐杜里烹饪法是一种印度的传统烹饪方法，也叫泥炉炭火烹饪法

炙烤蔬菜佐香蒜鳀鱼热蘸酱

6 人份

热蘸酱流行于意大利皮埃蒙特地区，味道十分浓郁。我做的这款热蘸酱冷吃起来味道也不错，适合作为生食或炭烤蔬菜沙拉的酱汁，同时可与烤鸡、鱼或羊肉相搭配。建议你提前将这道菜做好，因为随着时间的推移，各种食材的味道将会越来越浓郁。

材料 »

球茎茴香（小） 1 颗
纵向切成 1 厘米厚的片，根部不要切断

红彩椒 1 个
去籽后切成约 6 块

西葫芦 2 个
斜切成 1 厘米的厚片

小葱 8 根
撕去干掉的表皮

橄榄油 适量

香蒜鳀鱼热蘸酱 »

橄榄油浸鳀鱼罐头 1 罐（50 克装）
保留罐头中的橄榄油

刺山柑罐头 1 汤匙
冲洗干净并沥干水分

大蒜 2 瓣
去皮后切成末

柠檬 ½ 个
挤出汁、擦下柠檬皮屑

橄榄油 50 毫升

海盐和现磨黑胡椒 适量

营养成分表（每份）	
热量（千卡）	161.00
脂肪（克）	14.00
饱和脂肪（克）	2.00
碳水化合物（克）	3.00
膳食纤维（克）	3.00
蛋白质（克）	3.00
盐（克）	0.85

步骤 »

1. 首先制作热蘸酱。将鳀鱼罐头、罐头里的橄榄油、刺山柑、蒜末和柠檬皮屑放入料理机中，搅打至顺滑。

2. 接着加入柠檬汁和 1 撮黑胡椒，将酱汁搅拌均匀。

3. 继续开启料理机，从加料口倒入橄榄油和 3 汤匙饮用水，将蘸酱搅打浓稠。根据自己口味灵活调整调味品用量。

4. 取一只带横纹的煎锅，开中火将其烧热。

5. 将切好的蔬菜和小葱倒入一个大碗中，淋上一点橄榄油，加入 1 撮盐和 1 撮现磨黑胡椒，翻拌一下使蔬菜均匀地裹上调味品。

6. 当煎锅被烧热后，将蔬菜分批平铺在煎锅上进行煎制，直到蔬菜变软，并产生烧焦的纹路。将煎好的蔬菜盛入盘中。

7. 往煎好的蔬菜上淋上调制好的热蘸酱；或者单独将蘸酱盛入一个小碗，摆在蔬菜旁边用于蘸食。

芦笋片榛果沙拉

4 人份

制作这款沙拉时，我们将生芦笋刨成了薄片，这种方法一改往日传统蒸制或焯烫的做法，相信大众会更加喜爱这款时令蔬菜。此外，这道沙拉保留了芦笋原本的口感与味道。刨成薄片的芦笋吃到嘴里更是爽脆十足，算是一款清凉的夏日开胃菜，同时也适合搭配烤哈罗米奶酪或布拉塔奶酪一起食用。

材料 »

去皮榛子仁	50 克
榛子油（或特级初榨橄榄油）	3 汤匙
柠檬 挤出汁、擦下柠檬皮屑	½ 个
白葡萄酒醋	1 汤匙
芦笋尖（粗）	500 克
海盐和现磨黑胡椒	适量

步骤 »

1. 取一口煎锅，锅中不用倒油，将榛子仁倒入锅中，开中火焙制直到榛子仁变成金黄色。之后将榛子仁从锅中倒出，切成粗颗粒的榛子碎，放置一旁备用。

2. 取一个大碗，将榛子油、柠檬汁、白葡萄酒醋、1 撮盐和 1 撮黑胡椒倒入碗中，搅拌均匀。可以尝一尝酱汁的味道，如果觉得滋味不够可以再做调整。

3. 用手握住芦笋的根部，拿一个刮皮刀将芦笋刨成形似缎带状的长条薄片，也可以用锋利一点的刀直接将芦笋切成薄片。将刨好的芦笋片倒入盛有酱汁的大碗中，并与酱汁拌匀。

4. 将拌好的芦笋盛入餐盘或者沙拉碗中，撒上柠檬皮屑和切碎的榛子仁，即可上餐。

营养成分表（每份）	
热量（千卡）	196.00
脂肪（克）	17.00
饱和脂肪（克）	1.00
碳水化合物（克）	3.00
膳食纤维（克）	4.00
蛋白质（克）	6.00
盐（克）	0.01

健康零食与低糖甜品

黄瓜薄荷柠檬水

4 人份

家里自制的柠檬水与市售的柠檬水有很大的区别：自制的柠檬水不那么甜腻，在炎热的夏天饮用能提神醒脑。往柠檬水里加入些黄瓜和薄荷会让它更加清爽，同时也增加了柠檬水维生素和矿物质的含量。希望这款饮品能够帮助大家保持一整天的水分补充。

材料 »

柠檬汁	125 毫升
黄瓜 切片	2 根
薄荷 取叶子使用；额外准备几片薄荷叶用于装饰	5 ~ 6 枝
龙舌兰糖浆	1 ~ 3 汤匙
苏打水	适量
柠檬片 用于装饰	适量

步骤 »

1. 将柠檬汁、黄瓜片和薄荷叶倒入料理机，将几种食材搅打至顺滑；如果不容易搅打，可以往搅拌杯中加适量的水来稀释。搅打顺滑之后，用细筛或者棉布过滤一下蔬果汁，使其口感更细腻，将滤出的液体倒入广口瓶中；拿一个干净的勺子，用勺子背压一压蔬果泥，尽可能多地挤出液体。

2. 尝一尝滤出的蔬果汁，根据自己口味一点一点地加入龙舌兰糖浆，搅拌均匀。之后往广口瓶中加入大量的冰块，再根据自己喜欢的浓度倒入冰镇的苏打水（柠檬蔬果汁与苏打水的比例约为 1 ：1）。

3. 将黄瓜薄荷柠檬水倒入杯中，加入冰块，再放上少量薄荷叶和一片柠檬点缀即可。

营养成分表（每份）	
热量（千卡）	46.00
脂肪（克）	1.00
饱和脂肪（克）	0.00
碳水化合物（克）	6.00
膳食纤维（克）	1.00
蛋白质（克）	2.00
盐（克）	0.02

香蕉苹果脆片

4 人份

现如今人们试图让自己吃得更加健康，同时也在减少糖的摄入量，而这款健康的水果脆片便能够满足我们对酥脆香甜类零食的渴望。这种水果脆片最适合拿给孩子们食用了，他们能不知不觉地吃掉很多水果。当然，也推荐大人们多吃一些；你可以一次性地多做些水果脆片，把它们储存在密封罐里，能够保存一周。我们自制的水果脆片脂肪含量也很低，如果你最近在减肥，也可以把它纳入书中第 116 页提到的无负担的甜点与零食。

营养成分表（每份）	
热量（千卡）	70.00
脂肪（克）	0.30
饱和脂肪（克）	0.10
碳水化合物（克）	15.00
膳食纤维（克）	1.00
蛋白质（克）	1.00
盐（克）	0.00

材料 »

苹果	2 个
香蕉 去皮	2 根

步骤 »

1. 将烤箱预热至 90℃。

2. 取 2 ~ 3 个大尺寸烤盘，往烤盘里铺上烘焙用的油纸。

3. 用多功能切菜器的擦片刀头将苹果和香蕉擦成薄片状，也可以用锋利一点的刀直接将它们切成薄片。之后将水果片铺在油纸上，注意不要互相堆叠。

4. 将烤盘送入预热好的烤箱，烘烤 1.5 ~ 2 小时。苹果片会比香蕉片率先变脆，所以在 1.5 小时后可以检查一下烤箱中的情况。根据香蕉片的不同厚度，可能需要再延长约半个小时进行烘烤。

5. 到时间后，将烤盘取出，使烤好的水果片静置在烤盘中自然晾凉。之后可以将水果脆片放入密封罐中，可保存一周的时间。

创意变化

你还可以用同样的方法制作菠萝脆片、梨子脆片和杨桃脆片；另外还可以往水果片上撒上些香料，例如肉桂粉和小豆蔻粉，如此一来水果脆片的风味将更加独特。

烟熏弗拉若莱豆豆泥

4 人份

在加利福尼亚居住的那段日子里，我和我的家人都被墨西哥菜深深地吸引了。我发现烟熏辣味菜肴逐渐地融入了我的家庭烹饪中，比如这道弗拉若莱豆豆泥，它使用了代表墨西哥风情的辣椒酱、孜然、青柠和香菜来进行调味。这道菜理所当然地成为了我家最受欢迎的小食之一。

材料 »

橄榄油	适量
洋葱（小） 去皮后切成丁	1 颗
大蒜 去皮后切成末	2 瓣
孜然粒	2 茶匙
弗拉若莱豆罐头 可以用白腰豆或其他种类的白豆代替，将豆子倒出冲洗干净后沥干水分	1 罐（400 克装）
墨西哥干辣椒酱	1 ~ 1½ 茶匙
青柠 挤出汁、擦下青柠皮屑	½ 个
香菜 切碎	1 小把
海盐和现磨黑胡椒	适量

步骤 »

1. 取一口小号煎锅，开中火将锅子烧热，往锅中倒入适量的橄榄油。油热后，加入洋葱丁和 1 撮盐，翻炒 5 ~ 6 分钟直到洋葱变软。

2. 接着加入蒜末和孜然粒，继续翻炒 1 ~ 2 分钟，直到蒜末被炒软，孜然粒也散发出香味。将煎锅离火，把炒好的食材倒入料理机中。

3. 往料理机中加入弗拉若莱豆、墨西哥干辣椒酱（可以先加 1 茶匙）、少许橄榄油（约 ½ 汤匙）和青柠皮屑，将以上所有食材搅打至顺滑。打好后可以尝一尝，如果喜欢吃辣可以再多放一点墨西哥干辣椒酱。

4. 将切碎的香菜和一半的青柠汁倒入料理机中，继续搅打至顺滑状态；香菜不需打得过细，可以保留少许绿色的香菜末。根据自己口味可以额外加些青柠汁、盐和黑胡椒。将打好的豆泥盛出即可上餐；或盖上保鲜膜放入冰箱，最多可冷藏保存 3 天。

创意变化

墨西哥干辣椒酱一般可以从网上或者一些超市中买到。如果实在买不到，可以用 1 ~ 2 茶匙烟熏辣椒粉代替。制作的过程中，需要与孜然粒一起倒入锅中炒制。

营养成分表（每份）	
热量（千卡）	80.00
脂肪（克）	3.00
饱和脂肪（克）	0.30
碳水化合物（克）	8.00
膳食纤维（克）	3.00
蛋白质（克）	4.00
盐（克）	0.09

薄荷茄泥酱

4 人份

茄子是我最喜欢的蔬菜之一，厚实的茄肉能够充分吸收各种调味料的滋味。将茄子肉做成软滑的烟熏酱是展示食材风味的好方法。制作好的茄泥酱可以与蔬菜沙拉或者皮塔饼脆片（做法见第 190 页）相搭配，会是一道很受欢迎的小吃；或是在正餐中与烤肉相佐，如烤香肠、烤羊肉和烤鸭肉。我建议你可以提前两三天就制作好这道茄泥酱，随着时间的推移，各种滋味就能够充分融合在一起了，美味程度也会大大提升。

材料 »

材料	用量
茄子（中等大小）	2 个
大蒜 去皮后切成末	1 瓣
芝麻酱	1 汤匙
薄荷 将薄荷叶切碎	6 枝
柠檬 挤出汁	1 ～ 2 个
海盐和现磨黑胡椒 装饰菜肴	适量
石榴 将石榴籽剥下来	½ 个
薄荷 把叶子切成细丝	2 枝

步骤 »

1. 开启燃气烤炉的两个灶眼，将两个茄子一边一个直接放到灶眼上烤制，其间需要不断翻动茄子使之均匀受热。当茄子肉被烤软，表面被烤焦后，将茄子放置一旁备用。

2. 将烤好的茄子剖开成两半，用勺子舀出茄子肉放入料理机中，把它搅打成顺滑的泥状。

3. 之后往食物搅拌机中加入蒜末、芝麻酱、切碎的薄荷叶、一个柠檬的柠檬汁、盐和现磨黑胡椒，与茄泥一起打匀。可以尝一尝味道，如果喜欢多一点酸味，可以再加些柠檬汁。

4. 将制作好的茄泥酱盛入碗中，最后，撒上石榴籽和切成丝的薄荷叶来进行装饰。

营养成分表（每份）	
热量（千卡）	87.00
脂肪（克）	3.00
饱和脂肪（克）	1.00
碳水化合物（克）	8.00
膳食纤维（克）	7.00
蛋白质（克）	3.00
盐（克）	0.01

如何烤制茄子

在烤茄子之前，需要往燃气烤炉上铺上一层锡箔纸，这样做是为了让后续清洁工作更快更容易。如果你没有燃气烤炉，也可以使用烤箱代替，将茄子放入预热到 200℃的烤箱中，烘烤 35 ～ 45 分钟。也可以使用明火烤架，烤制时需要不断滚动茄子使之均匀受热，直至茄子表皮被烤黑，茄子肉变软。

酥脆鹰嘴豆

4 人份

要想找到一种好吃的咸味零食来取代薯片实属不易，但这款酥脆的鹰嘴豆却能让人欲罢不能。它将咸味与辣味融合在一起，适合在晚上小酌或者看电影时来享用，绝对能让你一口接一口地停不下来。若要为举办派对而准备这款零食，切记要多做一些，否则很容易被大家一扫而光。酥脆的鹰嘴豆也是一种非常健康的沙拉配料，可以用它代替油炸面包丁撒在浓汤上。在制作时，可以根据自己的喜好来灵活调整香料的用量，或者干脆撒上些盐和现磨黑胡椒，这样也足够诱人了。

材料 »

鹰嘴豆罐头 沥出罐头里多余的汤汁，将鹰嘴豆冲洗干净后擦干表面水分	2 罐（400 克装）
橄榄油	2 汤匙
孜然粉	2 茶匙
卡宴辣椒粉（可以省略）	1 茶匙
海盐和现磨黑胡椒	适量

步骤 »

1. 将烤箱预热至 170℃。

2. 将鹰嘴豆倒入烤盘中，在表面淋上适量的橄榄油，再撒上孜然粉、盐和黑胡椒，如果喜欢吃辣，可以加一些卡宴辣椒粉。

3. 把烤盘送入预热好的烤箱中，烘烤 15 ~ 20 分钟，直到鹰嘴豆变得酥脆可口。中途 10 分钟的时候，需要将烤盘取出，摇一摇烤盘以使鹰嘴豆均匀受热。

4. 烤好后将烤盘取出，使鹰嘴豆在烤盘中自然晾凉即可。烤好的鹰嘴豆放入密封罐中储存，最多可以保存 3 天。

营养成分表（每份）	
热量（千卡）	209.00
脂肪（克）	9.00
饱和脂肪（克）	1.00
碳水化合物（克）	19.00
膳食纤维（克）	7.00
蛋白质（克）	9.00
盐（克）	0.01

如何使鹰嘴豆更加酥脆

把鹰嘴豆放入烤箱烘烤前，一定要将它表面的水分尽量擦干，越干越好。如此一来，经过烤制的鹰嘴豆将会更加酥脆。

炙烤桃子配格兰诺拉麦片

4 人份

这款轻食甜点的制作方法非常简单，脆脆的麦片为它的甜美额外加分，非常适合在炎热夏日的午餐后或者烧烤聚会时享用。如果桃子过季了，你可以用香甜的梨子来代替。带有坚果香气的格兰诺拉麦片也可以撒在酸奶或冰激凌上享用。将麦片盛入密封罐中可以保存 10 天。

材料 »

水蜜桃或油桃（半熟的） 对半切开后去核	4 个
液态的椰子油或无味食用油 在烤制时用于刷桃子表面	适量

格兰诺拉麦片 »

燕麦片	30 克
枫糖浆	1 汤匙
椰子油 或 1/2 汤匙无味食用油	1 汤匙
杏仁 切碎	25 克
山核桃 25 克 切碎	
海盐	1 撮
零脂肪希腊酸奶（可以省略） 上餐时用	适量

步骤 »

1. 将烤箱预热至 180℃。

2. 首先制作格兰诺拉麦片：将燕麦片、枫糖浆和椰子油充分混合，使燕麦片均匀地裹上椰子油和枫糖浆。加入切碎的坚果和 1 撮盐，拌匀。

3. 将混合好的坚果麦片倒入烤盘中，送入预热好的烤箱里，烘烤 7 ~ 10 分钟，直到燕麦片变得金黄酥脆。

4. 在烤制麦片的同时，开中大火将带横纹的煎锅烧热。往桃子的切面刷一点椰子油，切面朝下把桃子放入煎锅中。将桃子煎制 3 分钟，其间不要翻动它，经过高温炙烤，桃子切面会形成和煎锅上一样的条形纹路。

5. 给桃子翻面，把另一面继续煎 2 分钟。

6. 将桃子盛入餐盘中，撒上格兰诺拉麦片。如果喜欢希腊酸奶，可以往桃子上淋适量的酸奶一起享用。

营养成分表（每份）	
热量（千卡）	207.00
脂肪（克）	13.00
饱和脂肪（克）	4.00
碳水化合物（克）	17.00
膳食纤维（克）	3.00
蛋白质（克）	4.00
盐（克）	0.13

酸奶莓果冰棒

6 支

为了避免孩子们过多食用市售的含糖量过高的冰棒和冰激凌，我希望借由这款冰棒让孩子们在炎热的夏天多吃一点水果。食谱中的酸奶可以选用各种你喜欢的口味，莓果也可以换成切成小粒的香蕉、奇异果、芒果或蜜瓜，取决于你手边有哪些水果。唯一需要记住的是，冰棒需要冷冻至少 4 个小时才能冻硬脱模。

材料 »

新鲜或者冷冻莓果 如果使用冷冻水果，提前将其解冻	100 克
蜂蜜	1½ 汤匙
零脂肪希腊酸奶	250 克

步骤 »

1. 将各种莓果在碗中混合，倒入一半的蜂蜜，之后用一个叉子将莓果碾碎成泥。

2. 另取一个碗，将希腊酸奶和剩余的蜂蜜倒入碗中，搅拌均匀。

3. 将碾碎的莓果舀入冰棒模具中，接着再轻轻地往模具里倒入酸奶，略微搅一搅使莓果泥产生带有一点纹路的视觉效果。

4. 往模具中插入冰棒棍，再将模具送入冰箱冷冻至少 4 小时，或冷冻一夜。

5. 给冰棒脱模之前，可以将模具从冰箱中取出略微回温一下，或者用温水冲一下模具表面，这样能更容易地将冰棒脱模。

营养成分表（每支）	
热量 (千卡)	45.00
脂肪（克）	0.00
饱和脂肪（克）	0.00
碳水化合物（克）	7.00
膳食纤维（克）	0.30
蛋白质（克）	4.00
盐（克）	0.14

巧克力牛油果慕斯

8 人份

如果你习惯在正餐后一定要吃些甜点，那不妨试试这道惊艳的巧克力牛油果慕斯。其中使用到了牛油果，是不是听起来有些奇怪？但事实上，牛油果丝滑如奶油般的质地很适合与巧克力搭配。这款慕斯甚至比传统的蛋奶布丁更加令人无法自拔。如果你觉得大家对往慕斯里加入牛油果这件事嗤之以鼻，那在大家吃完之前不要告诉他们——他们大概永远猜不到慕斯为何如此丝滑美味。

材料 »

牛油果（大） 去皮去核	2 个
蜂蜜	3 ~ 4 汤匙
香草精	1 茶匙
生可可粉	50 克

步骤 »

1. 将牛油果放入料理机中，搅打至顺滑状态。

2. 接着加入 3 汤匙蜂蜜、香草精和生可可粉，继续搅打直到所有食材混合均匀。尝一尝味道，如果喜欢吃甜的，可以再加一些蜂蜜。

3. 将打好的慕斯液均匀地倒入 8 个布丁杯或小玻璃酒杯中，放入冰箱冷藏 1 小时后即可享用。

如何量取蜂蜜的用量

蜂蜜的质地十分黏稠，经常很难准确地称量出所需的用量——因为它总是有一部分黏在勺子里无法倒出！这里有一个小窍门，可以往量勺里薄薄地涂一层无味食用油，例如橄榄油，然后再去舀蜂蜜，那么蜂蜜就会很容易地从勺中滑出，我们就能量取到准确的用量了。

营养成分表（每份）	
热量（千卡）	147.00
脂肪（克）	10.00
饱和脂肪（克）	2.00
碳水化合物（克）	10.00
膳食纤维（克）	2.00
蛋白质（克）	3.00
盐（克）	0.02

低卡瘦身餐

尽管在日常生活中我也减肥，但我从来没有进行过真正意义上的节食。

作为一名主厨，我很讨厌故意少吃或者坚决不吃某类食物、甚至让自己饿肚子的行为。我更愿意吃得精细一点。至于菜品原料和烹饪方法，我通常会选用低脂低热量的。不过，我做出的菜品的味道和满足感绝不会因此大打折扣。对于自己很喜欢的菜肴，我会给它来个“低脂大改造”。零食我也同样会选择低脂的。对我来说，减肥和享受美食并不矛盾，减肥时我依然可以像平时一样品尝各种佳肴，不过，重要的是，我会通过增加运动量来消耗额外摄取的热量。

减肥的公式其实很容易理解，要想减肥，每日活动消耗的热量需要超过饮食摄取的热量。如果热量摄取过多，多余的热量会以脂肪的形式在体内储存起来，从而导致肥胖；相反，如果摄取的热量少于消耗的热量，那么人体又会将原先已经储存在体内的脂肪燃烧代谢，进而减少体内的脂肪储备，人就会变瘦。

遗憾的是，现在大部分成年人每日摄取的热量都超过了他们基础代谢所需的热量。仅有一部分人愿意通过运动来消耗掉多余的热量，而大多数人则陷入了肥胖的困扰。解决的方法其实很简单，就是管住嘴迈开腿。但每每提及这句话，总会有人因为失败而沮丧，甚至有的人都不愿意进行尝试。就我个人而言，比起痛苦的节食，我还是希望人们能够在吃上花一点心思，同时调动起运动的积极性，这样你依然可以享受那些最爱的美味佳肴。

增加运动量可谓是加快减重的关键。运动不仅可以消耗掉你体内多余的脂肪，同时也会提高你的基础代谢率，帮你达到减脂增肌的目的。运动之后哪怕在安静不动的情况下，身体也会消耗相对多一点的热量。想要运动的话，不用急着去跑超级马拉松——除非你真的想去，我可不拦着！其实从日常生活中就可以开始，比如乘公交时你可以提前一两站下车然后步行到想去的地方；做饭时不妨在灶台前踱步几圈；或者侍弄一下家里的花花草草。一旦你体会到运动中的快乐，变瘦将指日可待。

话虽如此，就坚持运动本身而言，人们还是需要有强大的意志力和决心，关键是要设立切实可行的目标。拿我自身经验来说，当我决定减肥的时候，我可没有立刻跑去报名铁人三项赛。我还是老老实实地从健身房的跑步机开始锻炼，最开始跑五千米，然后增加到十千米，我的减肥计划就此逐步展开。我的妻子塔娜已经是四个孩子的妈妈了，关于产后瘦身，她有一套属于自己的方法。塔娜会给自己设立这么一个目标——穿上一条怀孕之前的紧身牛仔裤。当她稍有懈怠的时候，这个目标总能成功地激励她。

本章分享了很多低脂但依然能让你食指大动的菜肴，不会令人联想到单一乏味的节食菜谱。菜品都很适合家庭享用，百吃不厌。如上文提到，减肥和享受美食并不矛盾。来看看我为你们准备的低脂美味吧！其中包括饱腹感十足的沙拉、各种卷饼和浓汤。菜品的灵感也来自各个国家和地区，比如日本、越南和北非等。另外，我也为麸质过敏人群提供了一些不含麸质的食谱。减肥之旅固然不易，但我相信这将是一个很好的开始！

关于热量

就我个人而言，我还从没有严格计算过自己摄入的热量。作为一个主厨，我每天要试很多菜，要是把每一小口试菜的热量全都加起来，那可太难了！但是计算热量确实符合“减肥公式”，要想减肥，摄取的热量要小于消耗的热量，然而我并不建议你对自己这么苛刻。

人体每天的日常活动都需要消耗一定数量的热量。一般来说，成年男性每日需要消耗约 2500 卡来维持身体功能；成年女性则每日需要消耗约 2000 卡。如果你每天摄取的热量经常超过基础代谢所需的热量（尤其是不怎么运动的话），那你可就很容易长脂肪了。要是打算减肥的话，建议你每天少摄入 500 卡的能量。也就是说，成年男性每天摄入 2000 卡的能量，成年女性每天摄入 1500 卡的能量。

食物中的热量来自常量营养素（碳水化合物、蛋白质和脂肪），但每种常量营养素所能提供的热量比例各不相同。每克碳水化合物和蛋白质含热量 4 卡；每克脂肪含热量 9 卡。要想摄取与 1 克脂肪等量的热量，人们则需要吃更多的碳水化合物和蛋白质。（换句话说，如果每天你能减少脂肪的摄入，那么你便能更轻松地控制一日的热量摄取总量）。在这个章节里，我为大家提供了各种低脂低糖的食谱，来帮助你们每天少摄入约 500 卡。菜品中含有大量的复合碳水化合物和优质蛋白，能使你有很强的饱腹感，在下一餐之前都不会感到饥饿。

关于饮酒问题

近些年一些研究表明，少量饮酒其实对身体健康有一定的益处。每周小酌三五杯有助于减少患心脏病的风险和延长寿命。这对嗜酒人群来说可真是个好消息！然而坏消息则是，每克酒精里含有 7 卡热量，基本与脂肪的热量含量相同了。更糟糕的是，人们在调鸡尾酒时还经常额外加一些糖浆，那热量可就更高了。直观一点来说，如果你每周喝 5 品脱 * 德式拉格啤酒，一年下来就相当于吃了 221 个甜甜圈！最重要的是，酒精会影响我们的正常代谢，人体会消耗大量的时间优先代谢酒精，从而放慢消化食物和燃烧脂肪的速度。

如果你正在减肥，少饮酒将是一个减少热量摄入的好办法，同时你的新陈代谢也会加快。若你能坚持不饮酒，其他美食对你的诱惑也会相对减少。看看你是不是一见到啤酒或者葡萄酒就开始动心了？什么？还得再来点儿烤肉？之后就更不用说了，必然是酩酊大醉的一晚……如果你真的打算减肥，那就考虑戒酒一段时间吧。

关于外出就餐

作为一个全职主厨，我之前其实很少去餐厅吃饭。但最近随着我晚上的闲暇时间越来越多，我也开始享受和家人一起外出吃饭，不管是为了庆祝纪念日，还是仅仅去探店。我太了解厨师们了，他们往菜肴里放能让人发胖的食材时可没有半点犹豫，比如说黄油、奶油、芝士、糖和巧克力。对想减肥的人群来说，这确实是个困扰。不管是在家吃饭还是外出下馆子，我都不想被剥夺享受美食的权利。于是，我就给自己制订了几条规则，只要我能遵守这些规则，我也可以像其他人一样享受美味。要是你既想下馆子又想保持身材，不妨听听我的建议。

如果晚上你到餐厅时已经饿极了，那点餐时恐怕会想着赶紧把抹了黄油的面包塞进肚子里充饥，对着菜单乱点一通，结果还没等主菜上来，你估计已经摄入很多热量了！

为了避免自己晚餐之前过于饥饿，我建议你中午可以多吃一点高蛋白的食品，下午的时候也可以找点健康的小零食填填肚子。如果你实在不想在饭前吃东西，不妨在不是很饿的时候提前上网看看你将要去就餐的餐厅的菜单，选一些比较健康的菜肴。到达餐厅之后，你就可以直接点餐，连菜单都不用过目了。

前文中我已经提过了关于喝酒的问题，在开饭前，尽量避免饮用含糖的开胃酒或鸡尾酒。如果你真的想喝点什么佐餐的话，就给自己来一杯高质量的葡萄酒，或者选一杯自己最爱的啤酒吧。你还要记住：空着肚子喝酒绝对会误导你点餐时的选择，同时也会使你胃口大开甚至喝更多的酒。餐前的小面包最好也别吃了，像我之前说的，还没等主菜上来，你光吃面包恐怕就已经摄入过多热量了。既然来到餐厅，就别敞开肚子吃面包了，在家不就能自己烤面包么？在餐厅吃饭就是冲着主厨们的招牌特色菜来的，就请尽量少吃一点佐餐的东西吧。

当我和家人出去吃饭的时候，经常和妻子塔娜一起分享前菜和甜点，如此一来我们

就既能吃到想吃的，又能少摄入热量了。如果你不太想和别人分食，那么就要给自己少点几道菜。要么选一道前菜，要么选一道适合佐餐的开胃菜，或者选一个甜点，而不是全都点上。如果你饭后实在想吃些甜点，不妨给自己来一杯蜂蜜薄荷茶，或者在回家的路上来一块黑巧克力吧。要是你没有禁得住巧克力慕斯的诱惑，那就只能第二天多跑几公里以示惩罚了。

***译者注**
1品脱约为568毫升

容易坚持的低脂早餐

莓果燕麦奶昔

1 人份

将燕麦和亚麻籽加入水果奶昔中不仅有助于维持饱腹感，还能减缓水果里的糖在体内消化和释放热量的速度，如此一来，就能避免人的血糖水平忽高忽低。食谱中的黑莓和蓝莓可以替换成其他水果，例如草莓、覆盆子、梨子、香蕉或芒果，就看你家有哪些水果啦。

材料 »

燕麦片	25 克
低脂牛奶	150 毫升
蜂蜜	2 茶匙
蓝莓	75 克
黑莓	75 克
亚麻籽粉	2 茶匙

步骤 »

1. 将燕麦片和牛奶一起倒入料理机中，静置 5 分钟使燕麦吸收水分。

2. 将蜂蜜、黑莓、蓝莓和亚麻籽粉也倒入料理机中，将所有食材搅打至顺滑状态即可。

了解菜谱

这款莓果燕麦奶昔很适合在运动比赛前或健身之前饮用。

营养成分表（每份）	
热量（千卡）	297.00
脂肪（克）	8.00
饱和脂肪（克）	2.00
碳水化合物（克）	41.00
膳食纤维（克）	9.00
蛋白质（克）	11.00
盐（克）	0.18

蜂蜜覆盆子燕麦粥

2 人份

提前一晚就将第二天的早餐准备好可谓聪明之举。这样一来，你就可以在第二天早晨感到饥肠辘辘时，依然从容地准备和享用早餐。你只需要打开冰箱门，将准备好的燕麦粥从冰箱取出就能吃啦。粥里的蜂蜜和覆盆子等食材经过一晚的浸泡，味道早已融为一体。要想让燕麦粥的美味再上一层楼，你可以再往粥里撒 1 小把切碎的开心果仁。但如果你在严格地控制热量，则可以省略。

材料 »

燕麦粥麦片	100 克
混合香料 *	1 茶匙
低脂牛奶	200 毫升
覆盆子 额外准备一些用于点缀表面	75 克
蜂蜜	25 克
开心果仁（可以省略） 将果仁切碎用于点缀表面	20 克

步骤 »

1. 将麦片倒入一个大碗中，再加入混合香料和牛奶，搅拌均匀。

2. 另取一个碗，将覆盆子与蜂蜜混合，用勺子背将覆盆子碾成泥，制作覆盆子果泥。

3. 将覆盆子果泥倒入盛有麦片的碗中，搅拌均匀。之后将混合好的燕麦粥分别盛入两个碗或密封罐中，盖上保鲜膜或盖子，放入冰箱冷藏一夜。

4. 第二天早晨准备食用时，将燕麦粥从冰箱中取出，在碗里点缀上几颗新鲜的覆盆子和适量切碎的开心果仁即可。

营养成分表（每份）	
热量（千卡）	299.00
脂肪（克）	6.00
饱和脂肪（克）	2.00
碳水化合物（克）	48.00
膳食纤维（克）	5.00
蛋白质（克）	10.00
盐（克）	0.16

***译者注**

混合香料：是英国混合的甜香料。肉桂是主要的味道，有肉豆蔻和五香粉。

菠菜番茄奶酪炒蛋

4 人份

美国人喜欢往炒蛋里加各种各样的食材。当我在洛杉矶的时候，便深深地爱上了这种做法。菲达奶酪比许多奶酪的脂肪含量都低，它的味道咸香浓郁，只需放一点点就能带来十足的风味。往炒蛋里加入菲达奶酪还能使炒蛋的口感更加松软。这道炒蛋适合与辣椒酱搭配食用。把炒蛋铺在全麦或黑麦面包上，或与糙米或藜麦相搭配，便能制成训练或比赛日里一顿丰盛的早餐。

材料 »

橄榄油	适量
圣女果 对半切开	12 个
菠菜叶 洗净沥干水分	100 克
鸡蛋	8 个
菲达奶酪 碾碎成小块	100 克
海盐和现磨黑胡椒	适量

步骤 »

1. 取一口大号煎锅，倒入橄榄油，中火加热。油烧热后，将切好的圣女果切面朝下摆入锅中，加少许盐和黑胡椒调味。将圣女果煎 3 ~ 4 分钟，直到表面略焦。

2. 将每一个圣女果轻轻地翻面，之后往锅里加入菠菜叶，加热 3 分钟，再翻炒均匀。

3. 将鸡蛋磕入碗中，搅打均匀后加入 1 撮黑胡椒调味。

4. 等锅中的菠菜被炒软后，转中小火，将鸡蛋液倒入锅中，再撒上菲达奶酪碎。轻轻地推动翻炒，使炒蛋与其他食材均匀混合，注意不要将鸡蛋炒得过老，使蛋液完全凝固。

5. 关火，尝一尝味道，如果觉得盐味不够可以再做调整。炒蛋需趁热享用。

创意变化

香草类食材也十分适合加入炒蛋中，如莳萝、细香葱、欧芹和百里香。食谱中的菠菜也可以替换成莙荙菜、小葱和西葫芦。

营养成分表（每份）	
热量（千卡）	239.00
脂肪（克）	16.00
饱和脂肪（克）	6.00
碳水化合物（克）	2.00
膳食纤维（克）	1.00
蛋白质（克）	19.00
盐（克）	1.09

西葫芦煎蛋饼

1 人份

当你在减肥的时候，早餐选择吃鸡蛋是一个不错的习惯。最近的研究表明，与早餐只吃面包的人相比，每天吃两个鸡蛋的人，在一天内摄入的热量更少，减肥效果也更好。这里介绍的煎蛋饼配方专门为一人食打造，西葫芦使这款菜肴口感更加丰富，令人吃后心满意足。

健身训练日饮食搭配建议

如果你想在长时间的健身、跑步或比赛后通过这道菜来多补充些蛋白质，可以改用三个鸡蛋，或者选择多加一个鸡蛋的蛋清。

营养成分表（每份）	
热量（千卡）	234.00
脂肪（克）	16.00
饱和脂肪（克）	4.00
碳水化合物（克）	3.00
膳食纤维（克）	2.00
蛋白质（克）	20.00
盐（克）	0.52

材料 »

西葫芦（中等大小） 1 个
擦细丝，挤出多余的水分

橄榄油 适量

龙蒿 1 枝
取叶子使用

鸡蛋 2 个

海盐和现磨黑胡椒 适量

步骤 »

1. 取一口中号厚底煎锅，倒入橄榄油，中火加热。油热之后，将西葫芦丝和切碎的龙蒿叶倒入锅中，翻炒 3 ~ 4 分钟，直到西葫芦被炒软。

2. 同时，将鸡蛋磕入碗中，用叉子将蛋液稍稍打散，加入适量盐和黑胡椒调味。等西葫芦变软后，倒出锅中多余汁水，再将蛋液倒入锅中，同时迅速地晃动锅子，使蛋液均匀地平铺在锅中，继续烹煮 3 ~ 4 分钟直到蛋液基本凝固。关火后将锅子端离炉灶。

3. 用铲子轻轻地铲一铲煎蛋饼的边缘，使其边缘与锅壁分离。将煎锅微微倾斜，将蛋饼慢慢地往下翻折，顺势让煎蛋饼滑入盘中，趁热享用。

杂炒羽衣甘蓝豆腐

4 人份

我不得不承认主厨们对于豆腐总是不太感兴趣，绵软的豆腐似乎没什么味道。但在洛杉矶的时候，我学会了一些能让豆腐变得很美味的做法，要知道洛杉矶可是“健康饮食之都”啊！豆腐富含蛋白质、铁和其他多种营养元素；同时，它也是一种低脂食材。豆腐有这么多营养价值，那就克服一下心里不愿意接受它的想法吧。

材料 »

橄榄油	1 汤匙
紫皮洋葱 去皮后切成薄片	1 颗
褐菇 切成薄片备用	200 克
大蒜 去皮后切成末	1 瓣
羽衣甘蓝 大致切碎	150 克
老豆腐 将其中的水分尽量沥出，再把表面的水分擦干，再碾碎备用	250 克
酱油	$^1/_2$ ～ 1 汤匙
姜黄粉	1 撮
干辣椒面（可以省略）	适量
海盐和现磨黑胡椒	适量

步骤 »

1. 取一口大号煎锅，倒入橄榄油，中火加热。油热后加入切好的洋葱，撒 1 撮盐，翻炒 5 ～ 6 分钟，直至洋葱变软。

2. 将切好的褐菇片倒入锅中，翻炒 3 ～ 4 分钟至褐菇变色。加入蒜末，继续翻炒 1 分钟。

3. 将切碎的羽衣甘蓝倒入锅中，加 2 汤匙的水。盖上盖子焖 5 分钟，直到羽衣甘蓝变软。揭开锅盖后，将食材翻炒均匀。

4. 把碾碎的豆腐倒入锅中，加入盐、黑胡椒、酱油、姜黄粉和辣椒面调味。之后开中高火，继续翻炒 2 ～ 3 分钟，使豆腐均匀受热。尝一尝味道，如果觉得滋味不够可以再加些酱油等调味料。

5. 关火，将菜品盛盘即可。

健身训练日饮食搭配建议

这道菜很适合健身之前搭配全麦面包或黑麦面包一起食用；如果第二天运动量很大，晚上还可以给自己加一份红薯条（制作方法见第 164 页）。

营养成分表（每份）	
热量（千卡）	159.00
脂肪（克）	9.00
饱和脂肪（克）	1.00
碳水化合物（克）	6.00
膳食纤维（克）	2.00
蛋白质（克）	13.00
盐（克）	0.32

藜麦烤鸡蛋酿蘑菇

4 人份

鸡蛋富含蛋白质和对人体有益的脂肪，同时它也含有大量的维生素 B、维生素 D、锌和铁。把鸡蛋打入蘑菇的菌盖里再送入烤箱烘烤，这种烹饪方法其实十分容易，菜肴成品也很美味。各种食材里的汁水都会被蘑菇和藜麦所吸收，而鸡蛋被慢慢烘烤至溏心的状态。这道菜很适合作为素食早餐，或周末的早午餐，甚至直接当作午餐。这类型的菜谱看似需要花费一些时间，但其实并不难操作。不妨一边做菜，一边给自己调一杯“纯真玛丽”* 来放松一下。

材料 »

褐菇（大个儿的） 4 朵
将菌柄摘下，切碎菌柄备用

橄榄油 适量

大蒜 1 瓣
去皮后切成末

嫩菠菜叶 100 克
切丝

煮熟的藜麦
175 克（约用 60 克生藜麦煮制而成）

百里香 1 枝
取叶子使用

鸡蛋（小一点的） 4 个

海盐和现磨黑胡椒 适量

步骤 »

1. 烤箱预热至 180℃。

2. 将蘑菇菌褶面朝下铺在烤盘中，表面淋一点橄榄油，再撒 1 撮盐和黑胡椒。将烤盘放入预热好的烤箱内烘烤 5 分钟。

3. 同时，取一口煎锅，倒入适量的橄榄油，中火加热。油热后把切碎的菌柄倒入锅中，加 1 撮盐，翻炒 3 ~ 4 分钟，直至菌柄变软。将备好的蒜末和菠菜丝倒入锅中，翻炒至菠菜变得有些软。

4. 将百里香叶和煮熟的藜麦倒入锅中，翻炒均匀。

5. 将蘑菇从烤箱取出，给每个蘑菇翻面，使菌褶朝上。用勺子背轻轻压一压菌褶，然后往菌盖里填入步骤 4 准备好的藜麦菠菜馅。

6. 在填好的馅料中心挖一个小坑，打入一个鸡蛋。

7. 将烤盘放回烤箱，继续烘烤 10 ~ 12 分钟，直至蛋白凝固、蛋黄还处于溏心的状态。出炉后趁热享用。

营养成分表（每份）	
热量（千卡）	176.00
脂肪（克）	9.00
饱和脂肪（克）	2.00
碳水化合物（克）	10.00
膳食纤维（克）	3.00
蛋白质（克）	12.00
盐（克）	0.26

***译者注**
无酒精版的“血腥玛丽”

饱腹感十足的轻食午餐

扁豆胡萝卜香菜汤

4 人份

汤类的菜肴在减肥期间就像是一个秘密武器……不但热量较低，而且由于大部分都是水分，因此喝汤比吃菜更占肚子。这碗暖暖的扁豆汤中包含的食材对人体健康十分有益，而且它的饱腹感也很强。在烹饪过程中一定要将印度咖喱粉充分炒香，在整个厨房充满香料味之前，切记不要提早往锅里下胡萝卜丝。

材料 »

材料	用量
橄榄油	2 汤匙
紫皮洋葱 去皮后切成丁	1 颗
大蒜 去皮后切成末	1 瓣
生姜 去皮后切成末	1 块（约 3 厘米长）
香菜 将叶子摘下并切碎，香菜梗也留用	1 把
印度咖喱粉	1 汤匙
胡萝卜 擦丝	500 克
红扁豆	175 克
蔬菜高汤	1.5 升
红辣椒 去籽后切成细丝	1 根

佐餐食材 »

低脂酸奶	4 汤匙
柠檬 切成四角	1 个

步骤 »

1. 取一口大号煮锅，倒入橄榄油，中火加热。油热后，放入洋葱丁、蒜末和姜末。

2. 将香菜梗切成碎末后也加入锅中。把锅中食材翻炒 5 分钟。

3. 将印度咖喱粉撒入锅中，翻炒 30 秒使香料的味道充分释放，之后下胡萝卜丝，翻炒均匀。

4. 把红扁豆和蔬菜高汤一同倒入锅中，将锅里食材煮沸后转小火，使扁豆汤一直保持微微沸腾的状态，煮 35 分钟直到锅中食材全部被煮软。

5. 上餐前，先将汤碗提前热一下，再把煮好的扁豆汤盛入碗中，撒上香菜碎与辣椒丝，再舀上 1 汤匙酸奶，最后摆上 1 角切好的柠檬来佐餐即可。

营养成分表（每份）	
热量（千卡）	305.00
脂肪（克）	8.00
饱和脂肪（克）	1.00
碳水化合物（克）	40.00
膳食纤维（克）	11.00
蛋白质（克）	13.00
盐（克）	1.08

辣豆泥胡萝卜丝黑麦三明治

4 人份

多吃豆类对减肥确实很有帮助，它们能给你提供大量的膳食纤维和蛋白质，而热量却相对较低。带有浓烈辣味的食物也能在一定程度上帮助我们减肥，据说这类食物能促进人体新陈代谢，帮助脂肪燃烧，因此我会经常变换烹饪方式来制作辣味菜肴。哈里萨辣酱是一种来自北非的既辛辣又带有芳香的辣椒酱，它可以用于腌制各种食材、制作佐餐酱汁或者意大利面酱。为增加蔬菜的摄入量，在制作豆泥时，你还可以添加些绿叶类蔬菜（例如，菠菜或者莙荙菜），与豆子一起搅打成泥。

材料 »

白豆罐头 1 罐（400 克装）
将豆子倒出，冲洗干净并沥干水分

大蒜 1 瓣
去皮后切末

柠檬 ½ 个
挤出汁

孜然粉 ½ 茶匙

哈里萨辣酱 ½ 汤匙

芝麻酱 1 汤匙

特级初榨橄榄油 1 汤匙

海盐和现磨黑胡椒 适量

佐餐食材 »

黑麦面包片或裸麦面包片 8 片

胡萝卜 3 根
擦丝

香葱 适量
切末

步骤 »

1. 将沥干水分的豆子、蒜末、柠檬汁、孜然粉、哈里萨辣酱、芝麻酱、少许盐和现磨黑胡椒倒入料理机中，搅打顺滑，可以略微保留些颗粒感，使豆泥更有口感。

2. 在料理机运转时，从加料口慢慢倒入橄榄油，与其他食材一同搅打。如果喜欢吃辣，可以多加一些哈里萨辣酱。

3. 将打好的豆泥涂抹在 8 片面包片上，其中 4 片面包片上撒上胡萝卜丝和香葱末。之后把另外 4 片面包片分别盖在放有胡萝卜丝和香葱末的面包片上，制成三明治。将三明治对半切开，装盘即可；或用保鲜膜将三明治裹起来，这样就可携带出门。

营养成分表（每份）	
热量（千卡）	260.00
脂肪（克）	7.00
饱和脂肪（克）	1.00
碳水化合物（克）	34.00
膳食纤维（克）	10.00
蛋白质（克）	10.00
盐（克）	0.82

了解食材

胡萝卜的很多营养成分都存在于表皮中，所以不削皮直接吃胡萝卜也是可以的。但在生吃胡萝卜之前一定要将它清洗干净。

鸡蛋蛋黄酱与菠菜三明治

4 人份

在制作这款三明治时，我没有添加传统的蛋黄酱，这样制作出的三明治的能量要比市售的低很多。但你仍然可以加入制作传统蛋黄酱时所用到的调味料，比如可以挤一点柠檬汁或醋，或者加一点芥末。因为主料选用了鸡蛋，所以这款蛋黄酱会比用油制作出来的蛋黄酱健康得多。若再添加些酸黄瓜丁，美味等级将会再度提升。

材料 »

鸡蛋	6 个
原味酸奶或希腊酸奶	4 汤匙
苹果醋	$1\frac{1}{2}$ 茶匙
第戎芥末酱	1 茶匙
柠檬汁	少许
莳萝 切成细末	3 枝
芹菜梗 切成小丁状	2 根
全麦面包片	8 片
嫩菠菜叶 清洗干净	4 把
海盐和现磨黑胡椒	适量

步骤 »

1. 取一口大号煮锅，倒入适量水，水烧开后把鸡蛋轻轻地放入锅中，煮 10 分钟后将鸡蛋捞出，放入冰水中使鸡蛋冷却。

2. 将酸奶、苹果醋、第戎芥末酱、柠檬汁、切碎的莳萝和芹菜丁放入碗中，根据自己的口味加入适量盐和黑胡椒调味，把碗中食材拌匀。

3. 等鸡蛋冷却后，剥去鸡蛋壳，再把鸡蛋切成丁，或者直接用叉子将鸡蛋捣碎。把捣碎的鸡蛋与第 2 步的酱汁混合均匀，制成“鸡蛋蛋黄酱”。

4. 将制作好的“鸡蛋蛋黄酱”涂抹在 8 片面包片上，再往其中 4 片面包片上分别放上 1 小把菠菜叶。之后把另外 4 片面包片分别盖在放了菠菜叶的面包片上，制成三明治。将三明治对半切开，装盘后即可食用；或者也可以用保鲜膜将三明治裹起来放入冰箱冷藏保存，等想吃的时候再取出。

营养成分表（每份）	
热量（千卡）	399.00
脂肪（克）	15.00
饱和脂肪（克）	6.00
碳水化合物（克）	26.00
膳食纤维（克）	5.00
蛋白质（克）	22.00
盐（克）	1.20

沙嗲酱鸡肉藜麦春卷

4 人份（16 个）

越南春卷绝对是我家最受欢迎的菜肴之一。瘦鸡肉、藜麦、生菜、浓郁的沙嗲酱，这些食材可谓在夏季做越南春卷的绝佳食材。这道菜富含蛋白质，是午餐的理想选择，因为多摄入些蛋白质有助于抑制你在下午时对糖分的渴望。春卷中的鸡肉可以替换成金枪鱼肉、虾仁或者豆腐，蔬菜也可以根据自己的喜好来替换。做好的春卷可以在冰箱中冷藏保存几天，不妨提前将春卷做好，然后带到公司当作午餐，或者在野餐时享用。

材料 »

藜麦 75 克
洗净备用

去皮鸡胸肉 1 块

越南春卷米皮 16 张（直径 22 厘米的）

薄荷 4 枝
取叶子使用

红彩椒 1 个
去籽后切成细条

西葫芦 1 个
切成细丝

牛油果 1 个
去皮去核后切成薄片

小葱 2 根
切成末

青柠 1 个
挤出汁

沙嗲酱 »

无糖花生酱（顺滑型或有颗粒型均可）2 汤匙

酱油 1½ 茶匙

龙舌兰糖浆（或液体蜂蜜） 1 茶匙

干辣椒面 1 撮（可根据口味调整用量）

米醋 1 茶匙

现磨姜蓉 ½ 茶匙

步骤 »

1. 取一口小号煮锅烧水，水开后将藜麦煮熟，捞出沥干水分放置一旁备用。

2. 另取一口中号煮锅，锅中倒水，烧至微微沸腾时，将鸡胸肉放入水中，煮 15 分钟。煮熟的鸡肉捞出，放置一旁，晾凉备用。

3. 等待食材晾凉时，我们来制作酱汁：将制作沙嗲酱所需的所有原料倒入一个小碗中，用叉子搅拌均匀，边搅拌边往碗里加适量的饮用水（每次加入 1 茶匙，拌匀后再继续加，大约需要加入 5 ～ 7 茶匙的水），把酱汁稀释到盛起后可自然滴落的稀稠度即可。刚开始搅拌酱汁时花生酱似乎不易与其他原料融合，但当你用叉子继续慢慢搅拌后，酱汁自然会变得越来越均匀。

营养成分表（每份）	
热量（千卡）	387.00
脂肪（克）	13.00
饱和脂肪（克）	3.00
碳水化合物（克）	49.00
膳食纤维（克）	5.00
蛋白质（克）	17.00
盐（克）	1.52

4. 等鸡胸肉晾凉后，用手撕成鸡丝。

5. 准备开始包春卷：取一个大碗，倒入适量温水，将春卷米皮浸入水中 10 ~ 15 秒，使它变软。将变软的春卷皮平铺在砧板上，往春卷皮中央铺上一片薄荷叶、几根彩椒条、适量西葫芦丝、牛油果片和葱末；再舀上 1 勺煮熟的藜麦，加上些鸡胸肉丝，最后淋上几滴青柠汁。

6. 将春卷皮的左右两边向内折，微微盖住中间的食材，之后从下往上慢慢地卷起春卷皮裹住食材，制成春卷。卷的时候可以用手指帮忙将馅料尽量塞紧。重复此步骤，将另外 15 个春卷逐一制作完成。

7. 做好的春卷装盘，将调制好的沙嗲酱盛入蘸碟放在一旁即可。

了解食材

制作春卷所用到的米皮脂肪含量和能量都较低，如果你正在减肥，它是比面包更优质的午餐选择。生食蔬菜可以让菜肴颜色更加靓丽，使其拥有爽脆的口感，同时还能避免一些营养元素在烹饪时流失。

糙米手卷寿司

4 人份（8 个）

日本料理绝对是我的挚爱，如果你正在减肥，那么吃日本料理将是个不错的选择。日本料理选用的食材和烹饪方法不仅保证了菜品含有丰富的营养，而且往往脂肪含量较低。印象中，减肥期间的饮食普遍寡淡无味，但部分日本料理却保留了浓郁的酱汁和调味，能令人吃后心满意足。手卷寿司看似复杂，但其实制作方法很简单。我在手卷寿司里添加了烟熏三文鱼，这种三文鱼一般比较容易买到。如果你能买到寿司级别的新鲜三文鱼那就更好了，推荐大家选用生食三文鱼肉或金枪鱼肉来制作传统口味的手卷寿司。

材料 »

寿司糙米或短粒糙米	115 克
味醂	1½ 汤匙
白米醋	1½ 汤匙
寿司海苔	4 片
烟熏三文鱼片 用手撕成适口大小	150 克
牛油果 去皮去核后切成丁	1 个
黄瓜 切成长条	½ 根
芝麻（黑芝麻或白芝麻均可）	2 汤匙
寿司姜片	100 克
海盐	适量
酱油 佐餐时用	适量

营养成分表（每份）	
热量（千卡）	299.00
脂肪（克）	14.00
饱和脂肪（克）	3.00
碳水化合物（克）	27.00
膳食纤维（克）	4.00
蛋白质（克）	14.00
盐（克）	1.40

步骤 »

1. 将糙米倒入淘米筛，用冷水反复淘洗，直到淘米水变得清澈。

2. 将淘洗干净的糙米倒入一口中号带盖煮锅，倒入 250 毫升水。锅中的水煮沸后，盖上盖子，转中小火再煮 30 分钟。期间不要打开锅盖，锅中的水会被米粒全部吸收，米饭将会变得松软可口。到时间后关火，将锅子端离炉灶，这时候还不要打开锅盖，再焖 10 分钟。

3. 10 分钟后将米饭盛入一个干净的托盘中，淋上味醂、白米醋，加几撮盐，翻拌均匀，之后将米饭平铺在托盘中，晾凉至室温。

4. 当米饭晾好后，就可以制作手卷寿司了。将每张寿司海苔剪成两个长方形，并准备一小碗温水。将一片海苔放在砧板上，长边面向自己。在海苔右半部分的中央处舀 1 汤匙糙米饭，用温水将手打湿后用手轻轻地把米饭铺开压平。然后，往米饭上放几片三文鱼，再放上牛油果丁、黄瓜条、芝麻和几片寿司姜片。海苔的右上角是手卷寿司的开口处，把黄瓜条的一端放在右上角，这样更容易滚动成卷。

5. 提起海苔片的右下角往里折叠，使海苔片盖住手卷内的馅料，形成一个“喇叭口”的形状。之后，用手指固定住手卷的馅料，并紧紧地往海苔片没有馅料的地方滚动过去，卷成一个紧实的锥形形状。用手指将海苔片边缘打湿，把封口粘牢固。重复以上步骤再制作出剩余的手卷寿司。

6. 在制作好的手卷寿司旁摆一小碟酱油，搭配食用。

了解食材

海苔含有丰富的营养元素，尤其是含有大量的矿物质。其中包含的碘对人体健康与新陈代谢是必不可少的。

创意变化

如果你买不到寿司糙米或短粒糙米，可以用普通的寿司米来代替。需要注意的是，普通的寿司米饭相对来说比较松散，不是很有黏性，所以在制作手卷时需要卷的紧一些，以防馅料洒出。

鸡肉羽衣甘蓝凯撒沙拉

4 人份

给羽衣甘蓝“按摩入味”是不是听起来很荒谬，但实际上这样做可以让羽衣甘蓝的叶子变得更加柔软鲜嫩，不需要再额外加工就可以食用了。你甚至可以提前两天就把这道沙拉制作好，拉长蔬菜的腌制时间，羽衣甘蓝吃起来就会更加柔软。如果你手边恰好没有制作凯撒沙拉所需的面包丁，可以用酥脆鹰嘴豆（制作方法见第 62 页）来代替。

材料 »

羽衣甘蓝 350 克
去掉梗，将叶片切碎

橄榄油 适量

去皮鸡胸肉 2 块
将鸡胸肉横着剖开摊平

红菊苣 1 棵
将菜叶一片一片掰下来

海盐和现磨黑胡椒 适量

酱汁 »

大蒜 1 瓣
去皮后切成末

凤尾鱼肉（罐头） 4 条
将鱼柳沥干水分后切碎

第戎芥末酱 ½ 茶匙

帕玛森奶酪碎 2 汤匙
再额外准备些用于表面装饰（可省略）

柠檬 ¼ ~ ½ 个
挤出汁

特级初榨橄榄油 1 汤匙

原味酸奶 150 克

步骤 »

1. 将切碎的羽衣甘蓝叶放入一个大的沙拉碗中，加入海盐、黑胡椒和少许橄榄油进行调味。将羽衣甘蓝揉搓按摩几分钟，让调味料浸入叶子，使羽衣甘蓝叶的口感更加柔软。之后将羽衣甘蓝放置一旁腌制 30 分钟，等待期间可以继续准备其他用料。

2. 往剖开摊平的鸡胸肉上淋些橄榄油，再撒上适量的盐和黑胡椒，将鸡胸肉简单地揉搓腌制一下。中高火将煎烤盘烧热，然后把鸡胸肉平铺在煎烤盘中，每面煎 3 ~ 4 分钟，直到将鸡肉煎熟。将煎好的鸡肉盛出，放置一旁晾凉备用。

3. 等待鸡胸肉晾凉的同时制作沙拉酱汁：将制作酱汁所需的所有原料倒入料理机，搅打顺滑。如果喜欢吃酸味，可以多加一点柠檬汁。

4. 等羽衣甘蓝叶变软后，将其与红菊苣叶混合，淋上调制好的酱汁，翻拌均匀，使每一片菜叶都裹上酱汁。把晾凉后的鸡胸肉切成条，铺在沙拉上，最后再撒上些帕玛森奶酪碎即可。

营养成分表（每份）	
热量（千卡）	241.00
脂肪（克）	12.00
饱和脂肪（克）	3.00
碳水化合物（克）	5.00
膳食纤维（克）	4.00
蛋白质（克）	28.00
盐（克）	0.92

如何使羽衣甘蓝叶的口感变得柔软

如果你没有充足的时间揉搓和腌制羽衣甘蓝，那么可以把它放入沸水中迅速焯烫一下，捞出后再过一下冰水，沥干水分之后即可用于制作沙拉。

卷心菜“卷饼”

4 人份（8 个）

卷心菜叶口感鲜嫩爽脆，可以代替玉米饼或米皮来充当卷饼外皮，这样做也巧妙地使我们的蔬菜摄入量变多了。美国人喜欢用绿色甘蓝菜叶来制作这类卷饼，在英国我们则习惯选用卷心菜叶。绿叶菜的选择不拘泥于此，你还可以用皱叶甘蓝来代替。如果你打算在健身前多摄取点碳水化合物，可以把蔬菜叶换成全麦的墨西哥玉米饼。

材料 »

外层卷心菜叶（大）	8 片
鹰嘴豆泥	200 克
胡萝卜 擦丝	2 根
紫甘蓝 切成细丝	1/4 颗
牛油果 去皮去核后切成薄片	1 个
水芹 剪成小段	1 小把

酱汁 / 蘸酱 »

芝麻酱	4 汤匙
酱油	1 汤匙
枫糖浆或蜂蜜	2 茶匙
青柠 挤出汁	1 个
海盐和现磨黑胡椒	适量

营养成分表（每份）	
热量（千卡）	331.00
脂肪（克）	23.00
饱和脂肪（克）	4.00
碳水化合物（克）	17.00
膳食纤维（克）	9.00
蛋白质（克）	9.00
盐（克）	0.90

步骤 »

1. 将制作酱汁的所有食材倒入碗中，根据自己口味加入适量盐和黑胡椒。搅拌均匀后加入适量温水继续搅拌（每次加 1 茶匙的温水，搅拌均匀后方可再次加水），直至将酱汁调制成有流动性或者适合蘸食的浓稠度。

2. 取一口中号煎锅，往锅里倒入 3/4 热水，将水烧至微微沸腾。将卷心菜叶依次放入锅中焯烫 10 秒钟（一次焯烫 1 片菜叶），等到菜叶开始变软、颜色呈翠绿色后，将其捞出放置一旁备用。

3. 将卷心菜叶铺在砧板上，往每片菜叶上均匀地涂抹些鹰嘴豆泥。

4. 菜叶中间铺上些胡萝卜丝、紫甘蓝丝、牛油果片和水芹段，均匀地淋上少许第 1 步调制好的酱汁。然后，把卷心菜叶的边缘向内折叠，将蔬菜馅完全包裹起来。

5. 将制作好的卷饼放在砧板上，收口朝下，从中间斜着切开，一分为二。把调制好的酱汁盛入蘸料碟，摆在卷饼旁来搭配蘸食即可。

如何使卷心菜的口感变得柔软

如果你没有充足的时间来焯烫卷心菜叶，可以把它放入微波炉加热 10 ~ 12 秒，使之变软。

低卡低脂的晚餐与配菜

墨西哥风情鸡尾酒杯虾

4 人份

传统的英式鸡尾酒杯虾一般会佐以浓郁的蛋黄酱，而墨西哥版的鸡尾酒杯虾则是用味道浓郁的番茄酱、再加上青柠汁和辣椒制作而成的。如此不同的版本绝对能令人耳目一新，它甚至赢得了我全家人的喜爱！这道菜可以与皮塔饼脆片（做法见第 190 页）相搭配作开胃菜，皮塔饼脆片能够给这道菜增加些酥脆的口感。如果你近期没有减肥的打算，则可以选择无盐玉米饼与这道菜相配。

材料 »

番茄酱	1½ 汤匙
橙子 挤出汁	½ 个
伍斯特沙司	1 茶匙
青柠 挤出汁	1 个
香菜 将香菜叶与香菜梗一起切成末	小半把
番茄（中等大小） 切成丁	4 个
白皮洋葱（小） 去皮后切成小丁	1 颗
黄瓜 切成小丁	1 根
煮熟的大虾仁 剥去虾壳，去除虾线	400 克
牛油果 去皮去核后将果肉切成丁	1 个
海盐和现磨黑胡椒	适量

佐餐食材 »

青柠 均匀地切成四角	1 个
墨西哥辣酱（可以省略）	适量

步骤 »

1. 将番茄酱、橙子汁、伍斯特沙司与青柠汁倒入一个大碗中，搅拌均匀后，加入香菜末、番茄丁、洋葱丁和黄瓜丁，再次翻拌均匀，再根据自己的口味加入适量盐和黑胡椒调味。

2. 将虾仁倒入碗中拌匀，使每个虾仁都裹上酱汁。

3. 将虾仁与碗中配菜一起盛入鸡尾酒杯或者餐碗中，再撒些牛油果丁，旁边放一角青柠作搭配。如果喜欢吃辣，还可以再淋上些墨西哥辣酱，美味程度将会提升不少。

营养成分表（每份）	
热量（千卡）	185.00
脂肪（克）	8.00
饱和脂肪（克）	2.00
碳水化合物（克）	8.00
膳食纤维（克）	4.00
蛋白质（克）	19.00
盐（克）	1.79

烤鱿鱼与茴香苹果沙拉

4 人份

烹饪鱿鱼的方式可谓两个极端，要么将其快速煎炒出锅，要么就文火慢炖——如果拿捏不好火候，制作出来的鱿鱼口感则会如橡皮筋似的。如果我在烹饪步骤中描述，将鱿鱼每面煎烤1 分钟，那么就请严格遵循烹饪时长。这短短的 1 分钟足以将鱿鱼肉由半透明状煎至颜色发白，同时还能保留鱿鱼鲜嫩的口感。如果你不需要严格控制摄取的能量，不如再往沙拉里加几片煎好的西班牙辣肠，其美味程度绝对会有所提高。

材料 »

鱿鱼（中等大小） 4 条（约 400 克）
开膛后去掉内脏，并冲洗干净

橄榄油 适量

烟熏辣椒粉 1 茶匙

球茎茴香（大） 1 个
切成薄片放入冰水碗

苹果（大） 1 个
去核，切成薄片，放入冰水碗

柠檬 1 个
挤汁滴入冰水碗，防止茴香球茎片和苹果片氧化变色

芝麻菜 150 克

薄荷 2 枝
将薄荷叶撕碎

雪利酒醋 适量

海盐和现磨黑胡椒 适量

步骤 »

1. 将鱿鱼身剖开，使其变成一个大鱿鱼片，在一面轻轻划上菱形花刀，然后将大片鱿鱼分成 6 小片；将鱿鱼须切成适口的长短。将切好的鱿鱼全部放入碗中，淋上适量的橄榄油，撒上烟熏辣椒粉、1 撮盐和 1 撮黑胡椒。翻拌一下，让鱿鱼片均匀地裹上各种调料，放置一旁备用。

2. 开大火将煎烤盘烧热，之后将鱿鱼铺在煎烤盘上，每面煎 1 分钟，将鱿鱼烤至变熟并且呈现微微焦黄的颜色。如果煎烤盘不够大，可以分批煎制。

3. 将球茎茴香片和苹果片从碗中捞出沥干，用厨房用纸吸干表面水分后倒入沙拉碗中，拌入芝麻菜和撕碎的薄荷叶。淋上适量的橄榄油和雪利酒醋，根据自己的口味加入适量的盐和黑胡椒调味。将煎好的鱿鱼趁热铺在碗中，最后再淋上少许雪利酒醋即可。

营养成分表（每份）	
热量（千卡）	180.00
脂肪（克）	8.00
饱和脂肪（克）	1.00
碳水化合物（克）	6.00
膳食纤维（克）	5.00
蛋白质（克）	18.00
盐（克）	0.34

如何烤制鱿鱼

鱿鱼也可以放在烤架上烤，这可以赋予它更多焦香的烟熏风味。建议你把鱿鱼切得大块一点，这样一来，经过烤制的鱿鱼不至于因收缩变小而从烤网的缝隙里掉落。为保证鱿鱼鲜嫩的口感，每面烤 1 分钟即可。

酸柠汁腌三文鱼

4 人份

当你在为自己不断增长的体重而发愁时，希望这道简单的酸柠汁腌三文鱼可以为你缓解部分忧愁。这道菜的能量很低，但是它惊艳的味道却能令人赞不绝口；三文鱼片没有经过加热，因此珍贵的 OMEGA-3 脂肪酸得以保留，要知道这类脂肪酸在加热后容易大量流失。微苦的葡萄柚汁是这道菜的点睛之笔。你也可以用其他任何肉质厚实的白肉鱼类来代替三文鱼——不管选择哪种鱼肉，一定是越新鲜越好。

材料 »

材料	用量
红芯葡萄柚	1 个
三文鱼片 去皮去刺后切成薄片	400 克
小红葱头 * 去掉表面干皮后切成丁	1 颗
樱桃萝卜 洗净后切成薄片	100 克
牛油果 去皮去核后切成丁	1 个
薄荷 将叶子撕碎	5 枝
海盐	适量

步骤 »

1. 把葡萄柚横着切成两半，取其中的半个挤出果汁，将另一半的果肉剥出。剥果肉时可以在底下接着一个碗，这样能将滴落的果汁收集起来。

2. 将三文鱼片、葡萄柚汁、葡萄柚果肉、小红葱头丁和樱桃萝卜片倒入一个大碗中，根据自己的口味加入适量的海盐调味并翻拌均匀，静置 10 分钟使食材腌制入味；腌制时间最长不要超过 30 分钟。

3. 准备上菜前，将酸柠汁腌三文鱼盛到餐盘或浅碗中。最后拌入牛油果丁，再撒上些撕碎的薄荷叶即可。

营养成分表（每份）	
热量（千卡）	270.00
脂肪（克）	17.00
饱和脂肪（克）	4.00
碳水化合物（克）	4.00
膳食纤维（克）	3.00
蛋白质（克）	23.00
盐（克）	0.14

健身训练日饮食搭配建议

如果你没有在苛刻地计算食物能量，这道酸柠汁腌三文鱼可以与薄脆面包片、黑麦面包或裸麦面包搭配食用，也可以与皮塔饼脆片（详细做法参见第 190 页）相搭配。

***译者注**

小红葱头是一种小型，长长的圆葱，与洋葱外形有些相似。

三豆浓汤

4 人份

毛豆、蚕豆、豌豆和鸡蛋都是很好的蛋白质来源，用以上食材制作一碗鲜美的汤，喝完后不但能令人不断回味，还能感到饱腹感十足，降低对零食的渴望。如果你没有充裕的时间来剥豆荚、煮豆子，也可以选用冷冻的豌豆和毛豆。

材料 »

菜籽油	20 毫升
洋葱（大） 去皮后切成丁	1 颗
芹菜梗 去掉表面的粗纤维，切成丁	2 根
土豆（中等大小） 去皮后切成丁	1 个
百里香 取叶子使用；再额外准备一些来装饰菜肴	2 枝
鸡高汤	1 升
蚕豆 剥去豆荚，再剥去豆子表面的硬皮	200 克
毛豆 剥去豆荚	150 克
鸡蛋	4 个
豌豆	100 克
红辣椒 去籽后切成细丝	1 根
黑芝麻	1½ 茶匙

步骤 »

1. 取一口大号煮锅，倒入菜籽油，中火加热。等油热后，洋葱丁、芹菜丁、土豆丁和百里香叶倒入锅中，翻炒 8 分钟。

2. 煮锅中倒入鸡高汤，煮沸后转小火，继续炖煮 10 分钟。接着，将蚕豆和毛豆倒入锅中，使锅中液体保持微微沸腾的状态，继续炖煮 10 分钟。

3. 另取一口煮锅，倒入适量水，煮沸后转小火，将鸡蛋打入锅中，煮 3 分钟制成溏心荷包蛋（具体操作见小贴士）。

4. 蚕豆和毛豆被煮软后，再将豌豆倒入锅中加热至锅中液体再度沸腾。关火后将锅中的所有食材倒入料理机中打至顺滑。

5. 上餐前，将汤碗提前热一下。将搅打好的浓汤均匀地盛入 4 只汤碗中，再把煮好的荷包蛋盛入碗中，最后撒上辣椒丝、黑芝麻和百里香叶作为点缀即可。

营养成分表（每份）	
热量（千卡）	334.00
脂肪（克）	14.00
饱和脂肪（克）	3.00
碳水化合物（克）	22.00
膳食纤维（克）	11.00
蛋白质（克）	25.00
盐（克）	0.89

如何制作荷包蛋

烧一大锅开水，加入少许醋，然后转成小火，使锅中的水不要剧烈沸腾。拿一个打蛋器搅动锅中的开水，使它形成一个旋涡。把鸡蛋先磕入茶杯里，再滑进旋涡的中央。将荷包蛋煮 3 分钟，或者煮至荷包蛋浮到水面，就可以将其捞出，捞出后放在厨房纸上吸干表面水分即可。

亚洲风味沙拉

4 人份

青芒果是指还未完全成熟的芒果，摸起来硬硬的。青芒果在亚洲广受欢迎，经常用来制作沙拉、咖喱、泡菜和酸辣酱等。大厨们会将青芒果切成条状再拌入沙拉，吃起来口味酸甜、口感爽脆。如果你买不到这种硬邦邦的青芒果，可以用几个青苹果代替。这款亚洲风味沙拉可以与瘦鸡肉、猪肉或鱼肉相搭配，吃过后既能获得十足的饱腹感，又无须担心摄入过多的卡路里。

材料 »

紫甘蓝（小） 将叶片的硬梗切掉，再将叶子切成细丝	½ 颗
卷心菜 将叶片的硬梗切掉，再将叶子切成细丝	½ 棵
胡萝卜 擦丝	2 根
樱桃萝卜 洗净后切片	100 克
小葱 撕去干掉的表皮，切成末	2 根
青芒果 去皮后切成细丝	1 颗
红辣椒（可以省略） 去籽后切成末	½ ~ 1 根

酱汁 »

香菜	1 大把
糖姜 大致切碎	1 整块
青柠 挤出汁	3 个
鱼露	½ 汤匙
米醋	½ 茶匙
龙舌兰糖浆	2 茶匙

步骤 »

1. 将所有备好的蔬菜全部倒入一个大碗中，如果喜欢吃辣，可以根据自己的口味加入适量的辣椒末。

2. 接着来制作酱汁：将香菜和糖姜放入食物搅拌机中，将这两种食材搅打成细末。之后将制作酱汁所需的其他调味料也倒入搅拌机中，继续搅打至顺滑状。尝一尝味道，可以根据自己的口味灵活调整调味料的用量。

3. 把调制好的酱汁倒在盛有沙拉菜的碗中，上菜前再搅拌均匀即可。

营养成分表（每份）	
热量（千卡）	105
脂肪（克）	1.0
饱和脂肪（克）	0.1
碳水化合物（克）	18.0
膳食纤维（克）	7.0
蛋白质（克）	3.0
盐（克）	0.47

罗望子虾仁

4 人份

罗望子尝起来是酸酸甜甜的，非常适合与虾和鱼类搭配。在这道菜里，我使用了龙舌兰糖浆和带有咸味的鱼露来平衡罗望子的酸味，最终做出了一种口味独特、在东南亚很受欢迎的酸甜酱汁。这道虾仁适合当作开胃小菜，能够使人胃口大开。你也可以配以糙米饭和绿叶菜让其充当主菜。

材料 »

糙米	280 克
罗望子酱	3 汤匙
鱼露	1 汤匙
龙舌兰糖浆	1 汤匙
椰子油（或家中常用食用油）	1 汤匙
小红葱头 去皮后切成薄片	1 颗
大蒜 去皮后切成片	2 瓣
小白菜	4 棵
大虾 去壳后再去除虾线	400 克
香菜 切成碎末	小半把
海盐	适量

步骤 »

1. 将糙米倒入淘米筛，用冷水反复冲淘，直到淘米水变得清澈。

2. 将淘洗干净的糙米倒入一口中号带盖煮锅，加入 560 毫升水。加热至水沸后，盖上盖子，转中小火，煮 30 分钟。期间不要打开锅盖，锅中的水会被米粒全部吸收，米饭将会变得松软可口。

3. 另取一个小号煮锅，将罗望子酱、鱼露和龙舌兰糖浆倒入锅中，小火加热，同时搅拌均匀。关火，将酱汁放置一旁备用。

4. 等米饭煮熟后，将锅端离炉灶，这时候还不要打开锅盖，再让米饭焖 10 分钟。

5. 取一口炒锅或者大号煎锅，倒入椰子油，大火加热。油热后，将小红葱头片和蒜片倒入锅中，翻炒 4 ～ 5 分钟，直到食材变软，边缘变焦。

6. 小白菜纵向切成两半，放入加了盐的沸水中焯烫 3 分钟，直到小白菜变软。

7. 小红葱头被炒软后，将虾仁倒入锅中，继续翻炒 2 分钟，再把第 3 步调制好的罗望子酱汁淋入锅中。将锅中食材炒匀，使虾仁裹上酱汁，之后继续翻炒 2 ～ 3 分钟，直到虾仁变熟，酱汁也变得更加浓稠。

8. 准备上菜前，揭开米饭锅的锅盖，用叉子捣一捣米饭，使之变得更加松软。

9. 将米饭、炒制好的虾仁和焯熟的小白菜分成 4 份，分别盛入 4 个餐盘中，最后点缀些香菜末即可。

营养成分表（每份）	
热量（千卡）	434.00
脂肪（克）	7.00
饱和脂肪（克）	3.00
碳水化合物（克）	64.00
膳食纤维（克）	5.00
蛋白质（克）	26.00
盐（克）	1.43

如何准备罗望子酱

先将罗望子膏浸入热水中，将泡出的籽捞出扔掉，捣碎成浓汁使用。

烤金枪鱼蔬菜串配芥末酱

4 人份

尽管金枪鱼是一种富含油脂的鱼类，但它在烹饪时其实很容易变干柴，所以不能煎得太久，煎好的鱼肉中心最好还是要保留点粉嫩的颜色。制作蔬菜串的食材可以根据喜好来替换，不妨换成甜豆豆荚或西葫芦块试试。在金枪鱼块之间夹些寿司姜块一起食用，会给你带来意想不到的美味。你可以将烤好的蔬菜串随意地堆放在一个大盘子或砧板上，再配上蘸酱，方便大家自由拿取。让这道菜搭配糙米饭和亚洲风味沙拉（做法见第 101 页）也是个不错的选择。

材料 »

金枪鱼肉 4 块（每块约重 140 克）
切成 2.5 厘米见方的小块

酱油 2 汤匙

芦笋 250 克
去掉表皮的粗纤维

无味食用油 适量

海盐 适量

芥末蘸酱 »

芥末粉（或芥末酱 2 茶匙） 1 ~ 2 茶匙

酱油 3 汤匙

蜂蜜（或龙舌兰糖浆 ½ 汤匙） 1 汤匙

芝麻油 1 茶匙

米醋 1 汤匙

营养成分表（每份）	
热量（千卡）	241.00
脂肪（克）	5.00
饱和脂肪（克）	1.00
碳水化合物（克）	9.00
膳食纤维（克）	1.00
蛋白质（克）	39.00
盐（克）	2.82

步骤 »

1. 将金枪鱼肉块放入一个碗中，倒入酱油，用手抓拌，再放置一旁腌制备用。

2. 将芦笋放入加了盐的沸水中，焯烫 2 分钟后将芦笋捞出，并放入盛有冰水的碗中冷却。

3. 将芦笋斜切成 3 厘米长的小段。

4. 将制作芥末蘸酱的所有食材混合。（不要一次性把芥末粉或芥末酱全部加入，先加 1 茶匙试试味道，如果喜欢味道浓郁些，可以再酌情多添加些芥末。）

5. 开中火将煎锅或带横纹的煎烤盘烧热。

6. 将金枪鱼肉和芦笋交替穿在烧烤签子上。（如果使用竹签，需要事先把竹签放入水中浸泡 20 分钟）

7. 取一个盘子，往盘中倒入食用油，把每根肉串在油里滚一下，然后放在烧热的煎锅上，每面烤 2 ~ 3 分钟，直到金枪鱼肉表面印上纹路，同时鱼肉内部还呈粉嫩的颜色。（如果煎锅不够大，则需要分批制作。）

8. 将烤串盛盘，配上调制好的芥末蘸酱，趁热食用或者晾至室温再享用均可。

创意变化

如果你不喜欢吃芥末，可以将芥末酱换成1 茶匙新鲜的姜蓉。

烤鸡配棉豆韭葱与菠菜

4～6 人份

将想吃的蔬菜和肉类放在烤盘中一起烘烤可谓省时省力——所有的准备工作在备菜时就完成了，把烤盘送入烤箱后，你就能闲下来做些其他事情了。各种食材的滋味在烘烤时能够互相交融。做这道菜，在备菜时没有用到其他容器，所以最后只需要清洗一个烤盘就可以了。家人们也便不用争论由谁洗碗了，是不是一个很棒的可以减少家庭矛盾的食谱？如果最近没有在严格地执行减肥计划，推荐你做些烤小土豆或者第 164 页的红薯条来搭配这道菜。

材料 »

鸡　1 整只
剁成大块；或使用 2 块鸡胸肉、2 根琵琶腿和 2 块鸡大腿肉，将鸡肉去皮

橄榄油　1 汤匙

大蒜　1 头
横着剖开切成两半

韭葱　1 根
撕去干掉的表皮，纵向切成两条后再切成薄片

干白葡萄酒　200 毫升

鸡高汤或蔬菜高汤　400 毫升

百里香　2 枝

棉豆罐头　2 罐（400 克装）
将棉豆倒出洗净后沥干

嫩菠菜叶　250 克

海盐和现磨黑胡椒　适量

营养成分表（每份）	
热量（千卡）	509.00
脂肪（克）	16.00
饱和脂肪（克）	4.00
碳水化合物（克）	18.00
膳食纤维（克）	10.00
蛋白质（克）	58.00
盐（克）	0.62

步骤 »

1. 将烤箱预热至 180℃。往鸡肉上撒适量的盐和黑胡椒，进行简单腌制。

2. 取一个可用于明火和烤箱的大烤盘，把它放在炉灶上加热，往烤盘中淋上橄榄油。等油热后，将鸡肉放在烤盘上煎，使鸡肉的各个面均匀地上色。煎好后，将原本带有鸡皮的那一面翻过来朝上。

3. 将大蒜切面朝下放入烤盘，再倒入切好的韭葱，拌着烤盘中的油将韭葱翻炒一下。

4. 将干白葡萄酒倒入烤盘中，煮沸 2 分钟，使酒精挥发，之后再倒入高汤。拿木勺子铲一铲烤盘底，防止有食材粘底。

5. 关火，将百里香、棉豆和菠菜叶倒在鸡肉块之间，撒上 1 撮盐和 1 撮现磨黑胡椒调味。将烤盘中的食材拌匀，送入预热好的烤箱，烘烤 35 ~ 40 分钟，直到鸡肉被完全烤熟。烤制的中途可以偶尔打开烤箱门，翻动一下食材，使之均匀受热。

6. 将烤盘从烤箱中取出，静置 5 分钟。上餐前，将浅口餐碗提前温热一下，将制作好的烤鸡和蔬菜盛入碗中即可。

非低脂版本

如果你最近没有在减肥，处理鸡肉时可以将鸡皮保留，然后继续按照食谱的步骤操作，但要注意不要把葡萄酒或高汤淋在煎过的鸡皮上，否则鸡皮就烤不脆了。

香煎鸭胸佐格雷莫拉塔酱

4 人份

鸭肉因肉肥美的滋味而闻名，但如果将鸭肉的皮去除，鸭胸肉实际上比牛排还要瘦，而且它比鸡胸肉的含铁量还多。用慢炖的方式烹煮球茎茴香，不仅能使它质地变得软滑，还能让它特殊的香味变得更加柔和，意式香草料也给这道菜增添了清爽的风味。无论是趁热享用，还是在室温放凉后再食用，味道都一样鲜美。

材料 »

球茎茴香	2 颗
橄榄油	适量
橙子 挤出汁；擦下橙子皮屑	½ 个
鸭胸肉 去皮后切掉多余脂肪	4 块（每块重约 150 克）
海盐和现磨黑胡椒	适量
茴香叶	几片

格雷莫拉塔酱 »

橙子 擦下橙子皮屑（使用上文中提到的同一个橙子）	1 个
扁叶欧芹 将叶子切成碎	1 小把
大蒜 去皮后切成末	1 瓣

营养成分表（每份）	
热量（千卡）	352.00
脂肪（克）	19.00
饱和脂肪（克）	6.00
碳水化合物（克）	3.00
膳食纤维（克）	4.00
蛋白质（克）	39.00
盐（克）	0.40

步骤 »

1. 将烤箱预热至 170℃。

2. 把球茎茴香上的绿叶摘掉放置一旁，稍后用来作为上餐时的点缀。把其纵向切成两半，然后再把这两半分别一分为二。

3. 取一口可以放入烤箱烘烤的炖锅，中火将锅子烧热。之后，倒入适量橄榄油，将切好的球茎茴香放入锅中煎，直到每一面都呈金棕色。（如果你的锅子不够大，可能需要将球茎茴香分批煎。）

4. 将煎好的球茎茴香全部放入炖锅（注意互相不要堆叠），锅里加盐和现磨黑胡椒，淋入橙汁，再倒入 75 毫升水。之后，给炖锅盖上盖子，将整口锅放入预热好的烤箱。

5. 将球茎茴香慢炖 25 ~ 35 分钟，直到它被炖至十分柔软但还能保持外形。慢炖的中途可以不时打开烤箱门和锅盖，检查一下锅中是否有足够的汤汁；如果汤汁被熬干了，可以再向锅里加 75 毫升的水。

6. 慢炖球茎茴香的同时，我们来制作格雷莫拉塔酱：将橙子皮屑、欧芹碎和蒜末放入一个小碗中拌匀，根据自己的口味加入适量盐和现磨黑胡椒调味。

7. 同时取一口煎锅，中火加热，倒入适量橄榄油。等油热后，将鸭胸肉放入锅中，煎约12分钟，使鸭肉保持鲜嫩的口感。关火后，将煎好的鸭胸肉静置5分钟。

8. 将炖锅从烤箱里取出，让球茎茴香在锅中静置5分钟。之后，将球茎茴香、鸭胸肉和酱汁都放入盘中，最后再撒上些茴香叶进行点缀即可。

了解食材

柑橘类水果的很多优点都集中在它的果皮上，果皮中膳食纤维和各类营养素的含量都极为丰富。因此，你可以把柑橘类水果的皮擦碎撒在菜肴里，它们能使鱼肉、鸡肉、意大利面、沙拉和鸡尾酒等尝起来充满新意。

腌番茄沙拉

4 人份

你有没有试过将番茄腌制几个小时之后再食用，这样做可以让平淡无奇的番茄沙拉变得美味无比。相信我，这个方法绝对值得一试。腌制过的番茄吃起来味道更加浓郁，仿佛拥有了新的生命。你还可以选择不同颜色、大小各异的熟透了的番茄，再加上用优质特级初榨橄榄油制作的酱汁，口味和卖相会大不相同。

材料 »

番茄	1 千克
小葱（或小红葱头 1 颗） 切成葱末	3 根
罗勒 取叶子并撕碎	1 小把
香醋或雪利酒醋	1½ 汤匙
特级初榨橄榄油	4 汤匙
海盐和现磨黑胡椒	适量

步骤 »

1. 根据番茄的形状和大小，选择将番茄切成片状，或对半切开，或者切成四角。然后，将切好的番茄放入一个大碗中。

2. 碗中加入切好的小葱末或者小红葱头末，将罗勒叶碎也撒入碗中。

3. 倒入醋和橄榄油，根据自己口味加入适量盐和黑胡椒调味。把双手洗净，直接用手将碗中番茄和调味料翻拌均匀，翻拌的时候可以轻一点，以防番茄果肉被捏碎。

4. 用保鲜膜将大碗盖住，将番茄沙拉放置在室温中腌制 1 小时，最多不超过 3 小时，腌好后即可上餐。

营养成分表（每份）	
热量（千卡）	129.00
脂肪（克）	11.00
饱和脂肪（克）	2.00
碳水化合物（克）	9.00
膳食纤维（克）	3.00
蛋白质（克）	2.00
盐（克）	0.02

猪里脊佐姜汁米饭与泡菜

2 人份

上浆是一种常见的中式烹饪手法，经过上浆处理的肉类即使高温烹煮后依旧能保持鲜嫩的口感。这里使用了蛋清和玉米淀粉给猪肉上浆，这么做就像给猪肉加了一层保护壳似的，肉中的汁水在烹饪时将被牢牢锁住。上浆很适合在制作瘦肉类（如鸡胸肉和猪里脊）菜肴时使用，因为这类肉在烹调时比较容易变干柴。用这种方法来烹饪牛肉柳或者鸭肉柳也十分合适。

材料 »

鸡蛋 只取蛋清	1 个
玉米淀粉	15 克
低盐酱油	20 克
蜂蜜	10 克
大蒜 去皮后切成末	2 瓣
生姜 去皮磨成蓉	1 块（长约 6 厘米）
猪里脊 去筋膜，切成厚 0.5 厘米的薄片	300 克
米醋	50 毫升
白糖	1 茶匙
海盐	1 茶匙
黄瓜 纵向切开后先去籽，再切成薄片	100 克
红辣椒 去籽后切成丝	1 根
白萝卜或樱桃萝卜 洗净削皮后再切成薄片	80 克
寿司米	175 克
豌豆苗 作装饰	适量

步骤 »

1. 将蛋清、玉米淀粉、酱油、蜂蜜和蒜末倒入一个大碗中，调成糊状。

2. 姜蓉放入筛子里，筛子下面放上小碗。然后，用勺子背把姜蓉里的汁水挤压到小碗里。姜蓉渣与蛋清糊混合，把盛有姜汁的小碗盖上保鲜膜，放入冰箱保存，稍后使用。

3. 将切好的猪肉片放入蛋清糊中，搅拌一下，使每片猪肉都均匀上浆。给大碗盖上保鲜膜，将猪肉腌制至少 2 小时。最好能够冷藏腌制一晚，第二天再继续制作。

4. 在正式烧制猪肉之前，先把佐餐的泡菜提前准备好。将之前挤出的姜汁与米醋、白糖和盐混合，制成泡菜汁。盛出 2 汤匙泡菜汁稍后使用。之后，将黄瓜片、辣椒丝、白萝卜片或樱桃萝卜片与剩余的泡菜汁混合，翻拌均匀腌制至少 1 小时，期间要多次翻拌蔬菜，使之均匀入味。

营养成分表（每份）	
热量（千卡）	548.00
脂肪（克）	4.00
饱和脂肪（克）	1.00
碳水化合物（克）	84.00
膳食纤维（克）	2.00
蛋白质（克）	42.00
盐（克）	3.07

5. 把寿司米浸泡在冷水中 20 分钟，之后把寿司米倒入淘米的筛子里淘洗干净。洗好后再将米倒入一口小号的带盖煮锅里，往锅中倒入 175 毫升水。开大火，将锅中的米与水煮沸，之后盖上盖子，转成最小火将米饭煮制 13 分钟。煮制期间一定不要打开锅盖。

6. 13 分钟后关火，将锅子端离炉灶，这时候还不要打开锅盖，再让米饭焖 5 分钟。

7. 将烤炉预热。

8. 把之前腌制好的猪肉片串在两根烧烤签子上（如果使用竹签，需要把竹签先放入水里泡 20 分钟）。猪肉串放入烤炉，先将猪肉串的一面烤制 8 分钟，翻面后继续烤制 4 分钟，直到猪肉变熟、肉片颜色变得金黄诱人。

9. 准备上餐前，将米饭锅的锅盖打开，往煮好的米饭里倒入之前预留的 2 汤匙泡菜汁。拿一个叉子翻拌一下米饭，使泡菜汁渗入米粒中。

10. 将腌制好的泡菜捞出沥干，与米饭和猪肉串一起盛盘，最后再往盘中撒上豌豆苗作点缀即可。

薄切鹿肉片佐块根芹沙拉

4 人份

与其他红肉类相比，鹿肉是一种脂肪含量低而蛋白质含量很高的肉类。火候恰当的鹿肉中间部分应该是粉红色的，但我更喜欢把鹿肉做得再嫩一点，甚至中间部分如图片中那样鲜红，这样吃到嘴里便能感受到其绵软的口感和浓郁的味道。佐以沙拉，更加可口。

材料 »

去骨鹿肉	1 份（约重 500 克）
菜籽油	2 汤匙
苹果醋	25 毫升
第戎芥末酱	1½ 茶匙
零脂肪希腊酸奶	50 克
块根芹 *（小） 去皮后切成细丝	1 颗
青苹果 去皮去核后切成细丝	1 个
核桃仁	40 克
葡萄干	40 克
芹菜梗 去掉表面的粗纤维，再斜切成段	3 根
海盐和现磨黑胡椒	适量

佐餐食材 »

豆瓣菜	适量
黑莓 对半切开	50 克

营养成分表（每份）	
热量（千卡）	548.00
脂肪（克）	4.00
饱和脂肪（克）	1.00
碳水化合物（克）	84.00
膳食纤维（克）	2.00
蛋白质（克）	42.00
盐（克）	3.07

步骤 »

1. 取一口大号煎锅，大火将锅烧热。在鹿肉的表面刷一点菜籽油，再撒上适量的盐和现磨黑胡椒。

2. 等锅被烧热至快要冒烟时，将鹿肉放入锅内，把肉排的各个面都迅速地煎一下，鹿肉表面上色之后立即关火。将鹿肉盛入盘中，晾至室温。

3. 在砧板上铺上保鲜膜，把鹿肉放在保鲜膜上。将保鲜膜卷起裹紧鹿肉，再将保鲜膜的两端拧紧，做成一个类似“香肠卷”的形状。之后，将鹿肉放入冰箱，冷藏至少 2 小时，最好冷藏一夜后再取出。

4. 上餐之前调制酱汁：将苹果醋、第戎芥末酱、酸奶、剩余的菜籽油和 50 毫升温水混合，搅拌均匀即可。

5. 将切好的块根芹丝、苹果丝、核桃仁、葡萄干和芹菜段放入沙拉碗中，淋上第 4 步调制好的酱汁，翻拌一下，使每种食材都均匀地裹上酱汁。

6. 将鹿肉从冰箱中取出，撕去保鲜膜，然后将鹿肉切成薄片（切得越薄越好）。将鹿肉片平铺在四个盘子中，再堆放上拌好的沙拉，最后再撒上豆瓣菜和黑莓作装饰即可。

***译者注**
别名地中海根芹、根洋芹，原产地中海沿岸；地下肉质根呈黄褐色圆球形。

无负担的甜点与零食

冰绿茶

4 人份

冰镇的茶饮料在美国广受欢迎，加利福尼亚州的居民们对健康十分关注，他们很喜欢饮用冰镇的绿茶。由于绿茶中含有抗氧化剂、类黄酮和多酚（这些物质具有抗氧化和保护人体细胞的作用），因此它比红茶更受欢迎。你可以一次性做一大壶绿茶，然后在一天中分次饮用，这样不仅可以让你摄取充足的水分，还能将你的注意力从甜食上转移开。

材料 »

绿茶茶包	4 包
蜂蜜	适量
柠檬 切成片	1 个

步骤 »

1. 将茶包放入耐热容器中，如陶瓷茶壶或者玻璃壶中。向壶里倒入超过 1.25 升刚烧开的水，再根据自己口味加入蜂蜜，给绿茶增加甜味（约 1 ~ $1\frac{1}{2}$ 汤匙蜂蜜）。

2. 将柠檬片放入茶水壶中。把茶水放置在室温环境中使它自然晾凉，之后再将茶包取出丢弃。

3. 尝一尝茶水的甜度，可以根据自己的口味灵活调整蜂蜜的用量。

4. 水杯里放入大量冰块，将泡好的茶水倒入杯中即可饮用。

创意变化

在泡茶的过程中，你还可以尝试往茶水里添加其他食材，如新鲜的姜片或青柠片都是不错的选择。你还可以加些薄荷或者柠檬百里香等香草；甚至还可以加些能促进新陈代谢的辣椒粉，如卡宴辣椒粉。

营养成分表（每份）	
热量（千卡）	23.00
脂肪（克）	0.10
饱和脂肪（克）	0.00
碳水化合物（克）	5.00
膳食纤维（克）	0.50
蛋白质（克）	1.00
盐（克）	0.01

枫糖浆羽衣甘蓝脆

4 人份

将羽衣甘蓝烤过之后它的生菜叶味就不那么明显了。烤过的羽衣甘蓝吃起来酥酥脆脆的，与脆海苔的味道很像，但相对于脆海苔来说，羽衣甘蓝其实对身体健康更加有益。你还可以把烤过的羽衣甘蓝搓碎，撒到沙拉或者亚洲风味的菜肴上，给菜品赋予浓郁咸香的味道。

材料 »

羽衣甘蓝（或黑甘蓝*） 200 克
把菜梗切掉，菜叶洗净后沥干，撕成适口大小

枫糖浆 1 汤匙

橄榄油 1 汤匙

酱油 1 茶匙

海盐 1 撮

步骤 »

1. 将烤箱预热至 150℃。

2. 将枫糖浆、橄榄油和酱油倒入一个大碗中，再加盐，搅拌均匀。然后，将撕碎的羽衣甘蓝叶倒入碗中，用手抓揉菜叶，使每片叶子都能均匀地裹上调味料。

3. 准备一两个大烤盘，将羽衣甘蓝叶平铺在烤盘中，注意不要互相堆叠。将烤盘送入预热好的烤箱，烤 7 ~ 10 分钟。如果想同时烤两盘，需要在 5 分钟后，将烤盘上下调换一次位置再继续烘烤。在烤制的过程中需要观察羽衣甘蓝叶的状态，不要烤焦了。有些菜叶可能会先被烤脆，这时候就需要打开烤箱门，将烤脆的菜叶挑出来，再继续烘烤剩余的部分。

4. 将烤好的羽衣甘蓝脆自然晾凉。

5. 羽衣甘蓝脆晾凉后可放入密封罐中储存 1 周的时间。

营养成分表（每份）	
热量（千卡）	59.00
脂肪（克）	4.00
饱和脂肪（克）	1.00
碳水化合物（克）	4.00
膳食纤维（克）	2.00
蛋白质（克）	2.00
盐（克）	0.23

创意变化

羽衣甘蓝脆可以被做成多种口味，比如辣椒味、青柠味、芥末味或帕玛森干酪味。这里举个例子，如果想做烟熏辣椒味的羽衣甘蓝脆，可以在腌制菜叶时加入 1 汤匙橄榄油、1 茶匙烟熏辣椒粉、½ 茶匙干蒜粒、1 茶匙辣椒面（可省略）和 1 撮盐。

***译者注**

黑甘蓝是一种长有深绿色菜叶的意大利卷心菜。

烟熏风味爆米花

4 人份

自己做爆米花其实非常容易，而且在自制的时候中你可以大大减少食用油的用量。每 100 克市售的爆米花和等重的薯片一样容易令人发胖，而自制的爆米花相比市售的来说更加健康，给爆米花添加些重口味的香料也能让你每次少吃一些。这款爆米花将甜味、烟熏辣椒味和印度香料味融合在一起，味道十分特别。你也可以试试添加其他你喜欢的香料，如肉桂、孜然或黑胡椒。

材料 »

葵花籽油	2 汤匙
爆米花玉米粒	100 克
海盐	1 撮
烟熏甜辣椒粉	1 茶匙
印度咖喱粉	1/2 茶匙

步骤 »

1. 取一口大号的、锅盖能盖得比较严实的煮锅，倒入葵花籽油，中高火加热。

2. 油热后（具体操作见小贴士），将玉米粒倒入锅中，盖上锅盖。当听到玉米粒开始爆破的声音后，每隔 30 秒就晃动一下锅子，使玉米粒均匀受热。等爆破的声音渐渐消失后关火，慢慢地打开锅盖。

3. 将盐、辣椒粉和印度咖喱粉倒入小碗中，混合均匀。

4. 把爆米花倒入一个大烤盘中，撒上调制好的香料粉并翻拌一下，使爆米花均匀地裹上调味料。爆米花可趁热享用，也可以盛入密封罐中保存两三天。

测试制作爆米花的油温

这里提供一个方法可以帮助你判断油温是否足够，你可以往锅里先放 3 颗玉米粒，等到这 3 颗玉米粒都能够爆开，就说明油温已经够高了。

营养成分表（每份）	
热量（千卡）	141.00
脂肪（克）	7.00
饱和脂肪（克）	1.00
碳水化合物（克）	15.00
膳食纤维（克）	3.00
蛋白质（克）	3.00
盐（克）	0.37

香芹籽甜菜根脆片

4 人份

薯片可谓减肥时期的一大劲敌，一旦开始吃薯片，就不容易停下来，而且薯片的脂肪含量很高。你不如尝尝这款甜菜根脆片，你可以想吃多少就吃多少，因为我们在制作过程中没有添加油脂，这道小食不会给身体带来什么负担，而且把薯片换成甜菜根也能帮助你达到“每日五蔬果”的目标。这款甜菜根脆片很适合搭配薄荷茄泥酱（做法见第 60 页）和烟熏弗拉若莱豆豆泥（做法见第 59 页）一起享用。吃不完的甜菜根脆片可以装入密封罐中，最多可以保存两天。

材料 »

甜菜根 去皮，切成薄片	3 个（约 330 克）
香芹籽 焙香后使用	2 茶匙
海盐	1 茶匙

步骤 »

1. 将烤箱预热至 160℃。

2. 取两只烤盘，烤盘上分别架上一个冷却架。如果家里没有冷却架，可以在烤盘里铺上油纸。（如果不使用冷却架，甜菜根脆片的烘烤时间会稍微长一些，一定要将其完全烤脆后再从烤箱中取出。）。

3. 将甜菜根片放在冷却架上，注意不要让切片互相堆叠。将烤盘送入预热好的烤箱，烘烤 15 ~ 20 分钟。

4. 烘烤甜菜根的同时，将海盐和焙出香味的香芹籽放入研钵中捣碎。

5. 15 分钟后，查看一下甜菜根片是否被烤脆了，如果还不够脆可以适当延长烘烤时间——根据甜菜根片厚度的不同，烘烤时间也会略有不同。

6. 当甜菜根片烤好后，将烤盘和冷却架从烤箱中取出，让甜菜根脆片在冷却架上自然晾凉。

营养成分表（每份）	
热量（千卡）	38.00
脂肪（克）	0.30
饱和脂肪（克）	0.00
碳水化合物（克）	6.00
膳食纤维（克）	2.00
蛋白质（克）	2.00
盐（克）	1.36

香料苹果雪芭

4 人份

雪芭尝起来味道浓郁，而且脂肪含量比冰激凌要少得多，是餐后甜点的不二之选。等到秋天的时候，我们就可以将成熟的苹果制成雪芭来享用。选用红色苹果制成的雪芭会带一点点粉色，不仅色泽好看，味道也沁人心脾——食客们绝对会将它一扫而光。

材料 »

红皮苹果（中等大小的） 切成 4 角后再将核挖去	6 个
枫糖浆	1 汤匙
柠檬 挤出汁	1 个
肉桂粉	2 茶匙
小豆蔻粉	½ 茶匙
姜粉	1 茶匙

步骤 »

1. 将苹果切成大块，放入一口煮锅内，倒入枫糖浆和250毫升的水，加入柠檬汁、肉桂粉、小豆蔻粉和姜粉。中小火加热，煮至水微微沸腾，偶尔搅拌一下防止粘锅，将苹果块完全煮软并捣碎成苹果泥。

2. 尝一尝苹果泥的味道，如果喜欢吃甜的话还可以再多加些枫糖浆。需要注意的是，冷冻后的苹果泥味道会稍微变淡，其甜味或酸味都会有所减弱。

3. 将苹果泥倒入料理机中，搅打至顺滑。

4. 将打好的果泥倒入可冷冻的容器，盖上盖子，放入冰箱，冷冻至少 6 小时，直到雪芭完全凝固。

5. 食用前需将雪芭提前从冰箱拿出来，回温 15 分钟，等它微微变软一点后，即可舀出盛入甜点杯中享用。

营养成分表（每份）	
热量（千卡）	98.00
脂肪（克）	1.00
饱和脂肪（克）	0.20
碳水化合物（克）	20.00
膳食纤维（克）	3.00
蛋白质（克）	1.00
盐（克）	0.01

香蕉冰激凌

4 人份

这道香蕉冰激凌的做法还是我女儿蒂莉介绍给我的，仅仅用一种食材就能做出冰激凌，而且还不使用冰激凌机。另外，它不含乳制品，不含糖，还是零脂肪的——着实令人难以想象！在基础配方之上，你还可以添加自己喜欢的食材制作出其他口味的，如可以添加花生酱、冷冻莓果、巧克力碎片、可可粒、椰子片或者坚果碎（巧克力味的冰激凌做法详见第 197 页）。需要注意的是，在制作过程中不要往料理机中倒入液体食材，否则会破坏“冰激凌液”的浓稠感。

材料 »

香蕉（熟透的） 4 根
剥皮，切成大块

步骤 »

1. 将香蕉块盛入一个可冷冻的保鲜盒内，放入冰箱冷冻一夜，或冷冻至香蕉完全变硬。

2. 将冷冻过后的香蕉块倒入料理机中，将香蕉打碎成小块。中途可以暂停，用勺子铲下机内壁上的香蕉碎后再继续搅打，直到香蕉泥变得像奶油般顺滑。

3. 如果喜欢吃偏软口感的冰激凌，搅打完成后即可将香蕉“冰激凌”倒出享用；如果喜欢硬一点的口感，可以将“冰激凌液”倒入可冷冻的保鲜盒内，再送入冰箱冷冻 1 小时。

营养成分表（每份）	
热量（千卡）	86.00
脂肪（克）	0.10
饱和脂肪（克）	0.00
碳水化合物（克）	19.00
膳食纤维（克）	1.00
蛋白质（克）	1.00
盐（克）	0.04

椰奶冰棒

6个

这款冰棒食谱中依然不含奶制品，也不需要使用冰激凌机。你甚至可以不添加任何水果，因为单单椰奶的味道就足够香甜浓郁了。如果你还想给冰棒再增加些风味，可以添加些椰丝或者青柠檬皮屑。当你减肥的信念开始动摇，不妨吃一点这类无负担的零食，希望这样可以帮助你回到减肥的正轨上。

材料 »

椰奶 200毫升

枫糖浆 1汤匙

新鲜或冷冻水果（如蓝莓、覆盆子或芒果块） 100克

步骤 »

1. 将椰奶和枫糖浆倒入壶中，搅拌一下使枫糖浆与椰奶混合均匀。之后，再加入水果，简单搅拌一下。

2. 将混有水果的椰奶倒入冰棒模具内。

3. 把冰棒棍插入模具，之后将模具放入冰箱内冷冻至少4小时，或冷冻一夜。

4. 给冰棒脱模之前，可以将模具从冰箱中取出，让其略微回温，这样能更容易地脱模。

营养成分表（每个）	
热量（千卡）	71.00
脂肪（克）	6.00
饱和脂肪（克）	5.00
碳水化合物（克）	4.00
膳食纤维（克）	1.00
蛋白质（克）	1.00
盐（克）	0.01

创意变化

冰棒中的水果可以任意替换成蓝莓、覆盆子、黑莓或者芒果，这些水果都很适合冷冻保存。你可以在冰箱里储存几袋这类冷冻水果，这样一来，即使手边没有应季的水果，你也可以在一年之中的任何时候制作这些美味的水果冰棒。

胡萝卜蛋糕马卡龙

18 个

这里介绍的马卡龙与法式马卡龙大不相同。法式马卡龙使用了蛋白霜和大量糖粉，样子无比精致。如果不了解专业糕点师的制作技巧，在家里自己做马卡龙可能会有点难。我分享的这款椰蓉马卡龙可谓伴随了我的童年时代，经过我的改良，它们尝起来很像胡萝卜蛋糕，但是却省略了令人发胖的黄油和糖霜。如果在减肥时期你不能放肆地享用蛋糕，不如吃些这类小甜品来抑制对甜食的渴望。

材料 »

无糖椰蓉	200 克
肉桂粉	$1\frac{1}{2}$ 茶匙
姜粉	1 茶匙
现磨肉豆蔻粉	$\frac{1}{2}$ 茶匙
核桃仁 切碎	50 克
胡萝卜（大个儿的） 擦丝	1 根
金砂糖	75 克
蛋清	4 个
海盐	1 撮

步骤 »

1. 将烤箱预热至 170℃。

2. 将椰蓉、肉桂粉、姜粉和肉豆蔻粉倒入一个碗中，混合均匀。

3. 把核桃仁碎、胡萝卜丝、金砂糖、蛋清和盐放入刚刚盛有香料粉的碗中，拌匀，制成马卡龙糊。

4. 在烤盘内铺上油纸，用甜品勺将制好的马卡龙糊舀出一大勺，放入烤盘中，每一坨马卡龙糊需间隔至少 1 厘米，用勺子略微整形，成圆形。

5. 将烤盘送入预热好的烤箱，烘烤 15 ~ 20 分钟，直到马卡龙糊凝固并变成金黄色。将烤好的马卡龙从烤箱中取出，放在冷却架上自然晾凉后即可享用。

营养成分表（每个）	
热量（千卡）	115.00
脂肪（克）	9.00
饱和脂肪（克）	6.00
碳水化合物（克）	5.00
膳食纤维（克）	2.00
蛋白质（克）	2.00
盐（克）	0.05

健身训练期配餐

坚持锻炼对人体健康十分有益，它已经成为我生活中必不可少的一部分。

不管我去哪里，到达一个新的城市后，我总会找一种适合自己的健身方式，跑步一般是首选。规律的运动计划能将我从繁忙的工作日程中解放出来，并且有效缓解我所面临的各种压力。为了不断地激励自己前行，我每年会报名参加两次大型的跑步赛事。而在没有受伤的情况下，我每周会进行至少三次系统的训练。除了跑步，在周日我会去骑行，有时候也会叫上塔娜和我的儿子杰克一起。到目前为止，我已经参加了 15 场马拉松比赛、3 场超级马拉松、4 场半铁人三项（先是一个铁人三项比赛，然后是一段半程马拉松）和在夏威夷举办的世界上最艰苦的铁人三项赛。在我们家，不止我对运动如此热爱，塔娜也参加了 7 场马拉松和 2 场半铁人赛，而我们的女儿梅根更是在她 18 岁时就完成了人生中第一次马拉松比赛。

考虑到我频繁的运动健身计划，我的日常饮食也需要进行合理的搭配。令人高兴的是，作为一名厨师，我的饮食习惯与营养师们建议运动员养成的饮食习惯非常相似——少食多餐。这种饮食习惯不仅可以保持身体内能量充足，还不会一次性摄入过多食物，从而保持体内血糖水平稳定。当我投入运动训练时，为了让自己的耐力更持久，我会花费大量时间来研究所摄入的碳水化合物、蛋白质和脂肪的平衡值。因为摄入的营养元素的比例对运动时的表现至关重要，它不仅能帮助我们在比赛中发挥出最佳实力，还能降低生病和受伤的风险，而且还有助于运动后的体能恢复。如果你的饮食搭配不够科学，或者没有摄入足够的液体来维持体内的水分，在运动时你可能会感到十分疲劳甚至虚脱，还有可能出现拉伤和扭伤的情况。

虽然每项运动和每个运动员都需要不同的微量营养素组合来达到最佳的饮食效果，但还是有一些饮食“普适原则”可以供我们参考。简单来说，在你做任何运动之前都应该摄取充足的碳水化合物。在激烈的运动训练之后，则应该补充一些瘦肉类蛋白质来修复肌肉，另外还应摄入适量的碳水化合物来恢复体能。保持充足的水分也同样重要，脱

水不仅会影响你运动训练时的表现，还会严重损害你的身体健康。

多了解一点基本的运动、营养和人体功能的知识，将有助于你为长远的运动目标做好准备，甚至可以帮助你突破自我，完成挑战。这一章节所介绍的食谱能够帮助你获取适量且平衡的各类营养素。其中的各式菜肴美味可口，都是我运动训练期间的最爱。这些菜肴是为那些积极健身运动的人群量身打造的，因此其中的能量会比前两章中所介绍的菜肴能量稍高。我所说的“积极健身运动”可不是指一周只参加一次水中有氧运动课，而是指那种一小时以上的，或更频繁的训练课程。

糖原负荷法

在参加大型运动比赛之前，逐步增加碳水化合物的摄入量是饮食计划的一个重要组成部分。这就是所谓的“糖原负荷法”，它能使你身体内的能量储备达到巅峰，并在比赛当日充分释放。“糖原负荷法”究竟是如何起作用的呢？简单来说，你摄入的碳水化合物会在体内被分解成葡萄糖，为身体提供所需的能量。额外分量的葡萄糖会以糖原的形式储存在肌肉和肝脏中，以备身体需要时使用。打比方来说，糖原是为日后驱动肌肉所储备的“燃料”。

因为人体所能储存的糖原数量有限，在参与运动比赛之前，保持糖原水平稳步上升才是最关键的。如果不这样做，你恐怕会很容易感到疲劳，缺乏动力或表现不佳。通常情况下，碳水化合物应该占每顿饭的三分之一左右，但随着你训练强度的提高，碳水化合物的摄入量也需要不断增加。在大型赛事的前一两天和比赛当日的早晨，碳水化合物的摄入量应该超过你食物总量的四分之三。

一般来说，最适合运动期间摄入的碳水化合物是粗粮或非精制的碳水化合物，因为它们需要更长的时间才能被身体消化分解，释放能量的过程也更加缓慢。下列这些食物可供选择，如全麦面包、燕麦粥、全麦意大利面、面条、糙米、古斯米、土豆、甜玉米、豌豆、红薯、扁豆、大豆和水果等。当比赛日逐渐临近时，你可以吃些精制碳水化合物，如白米饭、意大利面、贝果和白面包等，这类食物很容易被消化，可以为高强度的训练提供充足的能量。另外，每天晚上都吃意大利面可能会让人觉得乏味，因此我建议你每

天准备不同的碳水化合物作为主食，加上重口味的酱汁和浓郁的风味，你就能始终保持对饮食的热情与新鲜感。（详见第 129 页介绍的糖原负荷法食谱。）

大多数人仅仅在大型运动比赛开始之前的几天才开始采用糖原负荷法调整饮食结构，但我建议你在比赛前六周左右就开始增加碳水化合物的摄入量。这样一来，你就能发现哪些碳水化合物更适合你，同时你的身体也能逐渐适应高碳水的饮食结构。随着糖原水平的不断提高，你的训练也会更加有效。然后，在比赛前三四天的时候，你应该进一步增加碳水化合物的摄入量，使它占到你饮食总量的 85% 到 90%。在比赛前夜，你可以从糖原负荷法那一章节中选择一道食谱，然后在比赛当天的早晨，再来一顿激发能量的早餐，从而进一步提高你的糖原水平。为了使身体达到最佳状态，建议你在比赛开始前至少 30 分钟时再吃一点零食来补充能量。因为如果在比赛前 30 分钟以内才想起来吃零食，当发令枪响起时，恐怕你的身体还在消化那些刚吃下不久的东西。糖原负荷法可以确保你有足够的能量来完成艰难的比赛，否则你体内的能量不够充足，可能导致低血糖或头晕，甚至是极度虚脱，站都站不稳。如果发生以上这些意外状况，恐怕你只能遗憾地退出比赛了。

体能恢复

在运动比赛结束之后，你大概会感到兴奋且疲惫，同时还伴随着全身的酸痛。及时摄入一些蛋白质显得尤为重要，最好是在运动结束后的 30 分钟之内。蛋白质是修复和促进肌肉增长所必需的营养物质，在运动期间你给肌肉施加了巨大的压力，现在它们需要一些呵护与关怀了。在运动后及时摄入一些蛋白质能让它们不再那么酸胀（尽管仍然会感到疼痛），并帮助你更快地恢复体能。

为了使蛋白质的修复能力达到最大化，你还应该减少脂肪的摄入，因为脂肪会减慢蛋白质的吸收。因此，推荐你选用那些低脂食品，如鸡蛋、乳制品和瘦肉等。奶昔也是一种理想的选择，因为它不仅能够给你提供蛋白质和碳水化合物，同时也为身体补充了水分。如果你运动之后不想吃乏味的鸡肉三明治，奶昔能够让你感到一丝清爽，并使你保持头脑清醒。在运动比赛结束后的 24 小时内，你应该继续多补充些蛋白质。在休息的同时，你可以在“可修复肌肉的高蛋白赛后晚餐”那一章节中挑选一道高蛋白的食谱，请家人们帮忙制作一顿大餐，来好好庆祝并犒劳一下自己。

在激烈的运动过后，你同样需要摄取充足的碳水化合物来补充肌肉中的糖原。吃些容易消化的简单碳水化合物是没有问题的。与此同时，你还应该多喝点水，以补充因出汗流失的水分，避免脱水。再之后，就好好休息一下吧。大部分的肌肉修复是在你睡觉的时候进行的，所以早点上床睡觉吧，让你的身体开始进行自我修复。

运动与水合作用

为了健康着想，在日常生活中人们就应该多补充一点水分，若身体能够保持充足的水分，整个人自然也会感到精神头十足。在激烈的运动和训练期间更是如此，脱水会严重影响你训练或比赛时的发挥，所以一定要提前摄入足够的水分。在比赛开始前两小时，你需要喝大约 500 毫升的水、稀释的果汁或运动饮料；在比赛开始前 30 分钟，需要再补充 150 毫升液体。这样一来，在比赛正式开始前，你的身体可以将多余的液体排出体内。参与长跑时，人体会因为出汗而流失部分水分，因此你可以在路途中饮用少量水来补充身体所需；比赛结束后，则需要尽可能多喝一点水，使体内水量恢复到正常状态。此外，不同的气候、季节、海拔和天气都会影响人体的需水量，所以在赛前还需要你多做些调查与准备。

儿童的运动与健康

我的四个孩子都十分热衷于运动。像我之前提到的，大女儿梅根在 18 岁的时候就参加了她人生中第一次马拉松比赛，其他孩子喜欢的运动更是数不胜数，比如水球、英式篮球、长曲棍球、冰球、田径，等等。另外，他们还都非常喜欢跑步、骑自行车和游泳。虽然我不确定这是遗传的原因，还是纯粹地受我和塔娜习惯的影响，但可以肯定的是，我们是一个非常热爱运动的家庭。

对于这些活跃的、处于生长发育期的儿童和青少年来说，摄取充足的营养元素至关重要。在日常饮食中，家长们需确保孩子们获得了足够的营养，来为日常活动提供能量。同时他们也需要摄取各种各样的微量营养素以保持身体健康。在孩子们参加运动比赛的前一天晚上或当天早晨，一定要给他们准备些以碳水化合物为主的餐食，再带上些可补充能量的零食以备不时之需，如什锦谷物棒或无花果卷（做法见第 198 页）。和成年人一样，蛋白质对肌肉的修复是必不可少的。在比赛后，可以鼓励孩子们多吃些高蛋白的零食，比如奶酪、酸奶或花生酱三明治。

需要强调的是，孩子们在运动前后和运动时都应该补充大量的水分。相比成年人来说，即使进行相同运动量的活动，青少年脱水更快。而且，孩子们也不容易察觉自己是否已经缺水了，所以我们要监督和鼓励他们在运动期间喝足够的水、稀释果汁或低脂牛奶。当孩子们获得了足够的能量之后，他们将更加享受运动和锻炼所带来的快乐，同时也能拥有良好的生活习惯，成长为积极健康的成年人。

激发能量的早餐

香蕉椰枣奶昔

3 人份

在参加长跑或其他运动比赛前吃些椰枣是个不错的选择，因为它能缓慢释放出运动期间人体所需的能量。如果你在运动前不想吃得太饱，又想在补充水分的同时尽可能多地摄入碳水化合物，那么奶昔是个很好的选择。在赴赛前，我习惯往大保温壶里加点冰块，将制作好的奶昔另外装瓶后放在保温壶里冷藏着，这样一来我就能在中场休息时喝几口奶昔，来给自己不断地补充能量。

材料 »

香蕉 去皮后切成大块	2 根
椰枣（或蜜枣 5 颗） 去核	8 颗
杏仁奶	500 毫升

步骤 »

1. 将香蕉块、去核椰枣和杏仁奶一起放入料理机中。

2. 将料理机开启至高速挡位，把三种食材搅打至顺滑的状态。如果想要喝冰奶昔，就再往料理机里加些冰块，开动机器将冰块搅碎即可。

3. 把打好的奶昔倒入 3 个玻璃杯中即可享用。

创意变化

可可是一种有益心脏健康的抗氧化剂。在搅打奶昔时，你可以往料理机中加入一汤匙可可豆，把它做成巧克力味的奶昔。如果你想在运动后饮用这款奶昔来提高蛋白质的摄入量，可以把杏仁奶换成牛奶或酸奶。

营养成分表（每份）	
热量（千卡）	196.00
脂肪（克）	2.00
饱和脂肪（克）	0.20
碳水化合物（克）	40.00
膳食纤维（克）	4.00
蛋白质（克）	2.00
盐（克）	0.21

冷冻莓果麦片碗

4 人份

我生活中遇到的女士们都很喜欢在早餐时来一小碗莓果，大概是因为这些果子吃起来清凉爽口吧！最近在英国流行巴西莓，它源自南美洲，据说有众多神奇的功效，甚至可以激发身体能量，是一种十分受欢迎的超级食物。如果你能买到，不妨加入麦片碗中。

材料 »

莓果汁（或莓果粉）	4 汤匙
冷冻莓果（如蓝莓、覆盆子、草莓或综合莓果）	300 克
香蕉 去皮后切成片，冰箱冷冻至少 2 小时	4 根
饮用水、椰子水或苹果汁	适量
新鲜香蕉 切成片	1 根
水果麦片	4 小把
新鲜蓝莓	2 把

步骤 »

1. 将莓果汁、冷冻莓果和冷冻香蕉片放入料理机中，搅打至顺滑，可酌情往料理杯里加些液体帮助机器运转。搅打好的果泥应该像软一点的冰激凌似的，而不应该像奶昔那么稀。

2. 将打好的果泥盛入碗中，摆上新鲜的香蕉片，再将水果麦片和蓝莓撒入碗中即可上餐。早餐碗需在果泥完全融化前享用。

营养成分表（每份）	
热量（千卡）	332.00
脂肪（克）	12.00
饱和脂肪（克）	4.00
碳水化合物（克）	43.00
膳食纤维（克）	10.00
蛋白质（克）	7.00
盐（克）	0.04

创意变化

如果你最近十分在意自己的体重，可以将莓果汁或莓果粉省去，再额外添加 100 克冷冻莓果来代替。

蜜桃酸奶碗

4 人份

这款早餐菜肴在夏季享用再适合不过了，尤其是在水蜜桃或油桃上市的时候。水果中的天然糖分很容易被人体吸收并储存在体内，而富含蛋白质的酸奶则有助于稳定血糖水平，这样你就不用担心血糖水平忽高忽低了。

材料 »

水蜜桃或油桃 8 个
4 个去核剥皮，切成大块；4 个切成适口大小

原味酸奶或希腊酸奶 750 克

葵花籽仁 2 汤匙

步骤 »

1. 把大块桃子肉放入料理机中，搅打至顺滑状态。

2. 将酸奶倒入一只大碗中，再把打好的桃子泥转着圈地淋在上面，使之形成好看的纹路。把剩下的桃子块一半放入酸奶中，略微翻拌一下。（不要将酸奶、桃子泥和桃子块完全搅拌均匀，否则会失去之前淋入酸奶时形成的漂亮纹路。）然后将它们平均盛入 4 个小碗中。

3. 将剩余的桃子块放入酸奶碗中，再撒上些葵花籽仁作为点缀。

营养成分表（每份）	
热量（千卡）	350.00
脂肪（克）	23.00
饱和脂肪（克）	13.00
碳水化合物（克）	20.00
膳食纤维（克）	3.00
蛋白质（克）	14.00
盐（克）	0.31

创意变化

如果你想尽可能提高自己的糖原水平，还可以往碗中撒一把水果麦片，与酸奶一起享用。

花生酱与覆盆子果酱松饼

6 人份

这款无麸质的松饼能在为你高强度的运动提供充足热量的同时，又不会使你因为摄入过多热量而影响运动比赛的发挥。你可以一次性多做一些，与大家一起分享，这样在接下来的这一天中每个人都将感到精力充沛。除了花生酱，你还可以选用其他坚果酱（如腰果酱、榛子酱或杏仁酱等）来进行搭配，味道也十分不错。

材料 »

花生酱（顺滑型或有颗粒型均可）	250 克
鸡蛋	5 个
原味酸奶	4 汤匙
覆盆子奇亚籽果酱（制作方法见第 9 页） 额外准备一些果酱作为上餐时的点缀	3 汤匙
菜籽油	1 汤匙
香蕉	4 根
枫糖浆（可以省略） 佐餐时使用	适量

步骤 »

1. 将花生酱、鸡蛋、酸奶和果酱倒入碗中，混合搅拌均匀，制成无麸质松饼糊。备好的松饼糊应该是十分浓厚的状态。

2. 取一口大号煎锅，中火加热。往锅中倒入菜籽油，晃动锅子使油铺满锅底。然后往锅中舀入满满一汤匙的松饼糊，将其摊开一些，制成薄饼。煎 2 ~ 3 分钟直到松饼底面微微上色，之后将松饼翻面，把另一面也煎上色。

3. 重复以上步骤将剩余的松饼糊也摊好。可以将成品放入开启低挡的烤箱中，或用茶巾将煎饼裹住来进行保温。

4. 将制作好的松饼盛入餐盘中，在上面摆上香蕉片，再淋上少许果酱。你也可以根据自己的喜好，再淋上适量的枫糖浆。

营养成分表（每份）	
热量（千卡）	418.00
脂肪（克）	29.00
饱和脂肪（克）	7.00
碳水化合物（克）	18.00
膳食纤维（克）	4.00
蛋白质（克）	19.00
盐（克）	0.60

墨西哥风情水果沙拉

8 人份

在洛杉矶，推着手推车售卖小吃的小贩遍布在各个街角。他们卖的最受欢迎的东西之一就是这种清爽可口的水果沙拉。往水果中加入盐和辣椒粉可能听起来十分诡异，但这种搭配真的异常美味，甚至能让人吃得上瘾。此外，在晨间饮食中加入一点点辣椒粉能够迅速开启新的一天，我就很喜欢在晨跑前后来上一份。

材料 »

西瓜（小）	1 个
哈密瓜	1 个
芒果	1 颗
菠萝	1 个
青柠 挤出汁	1 个
海盐	适量
辣椒粉（可以省略）	$^1/_2$ ~ 1 茶匙

步骤 »

1. 将各种水果削皮、去核去籽，把果肉切成适口大小，放入一个大碗中。

2. 往碗中倒入青柠汁，再加入几撮盐。将碗中的水果翻拌均匀，使每种水果都能裹上青柠汁和盐。

3. 将拌好的水果块盛入餐碗中。如果你想尝试一下刺激的味道，就再往水果沙拉上撒一点点辣椒粉吧。

了解食材

西瓜（Watermelon）的英语直译过来是“水瓜”，这也确实很符合它的特性，因为西瓜中92% 都是水分！在早餐时摄入丰富的水果是一种很好的生活方式，可以确保你在新的一天开始时就补充了足够的水分。

营养成分表（每份）	
热量（千卡）	276.00
脂肪（克）	1.00
饱和脂肪（克）	0.10
碳水化合物（克）	58.00
膳食纤维（克）	6.00
蛋白质（克）	5.00
盐（克）	0.12

烤箱版英式早餐

2 人份

传统英式早餐是油炸的，脂肪含量较高，不太适合在运动后享用。因为摄入过多的脂肪将减缓人体对蛋白质的吸收，而蛋白质对运动后肌肉的修复至关重要。与之相比，烤箱版英式早餐中的蛋白质含量更高，脂肪含量更低。这道早餐制作起来也十分便捷，即使在很赶时间的情况下，也能让你迅速填饱肚子。

材料 »

褐菇 清洗干净	4 朵
番茄（中等大小） 对半切开	3 个
紫皮洋葱 去皮后切成 8 瓣	1 颗
百里香 取叶子使用	4 枝
橄榄油	2 汤匙
圆形培根	6 片
嫩菠菜叶	200 克
鸡蛋	4 个
海盐和现磨黑胡椒	适量
厚切烤土司片 上餐时使用	2 片

营养成分表（每份）	
热量（千卡）	459.00
脂肪（克）	25.00
饱和脂肪（克）	5.00
碳水化合物（克）	14.00
膳食纤维（克）	9.00
蛋白质（克）	41.00
盐（克）	0.57

步骤 »

1. 将烤箱预热至 200℃。

2. 将褐菇菌褶面朝上、番茄块切面朝上放入烤盘中。再将切好的洋葱和百里香叶错落地摆入烤盘中，然后往蔬菜上淋上些橄榄油，再撒上 1 撮盐和黑胡椒。

3. 将烤盘送入预热好的烤箱内，烘烤 20 分钟。

4. 烘烤过程中褐菇会析出很多水分。20 分钟后，将烤盘取出，把盘中多余的汁水倒出。然后将培根片铺在烤盘中的各种蔬菜上，再次将烤盘送回烤箱，继续烘烤 5 分钟。

5. 与此同时，烧一壶开水来烫一下菠菜。把嫩菠菜叶放入大漏勺中，当水烧开后，把沸水浇在菠菜叶上将它烫熟。当菠菜叶被烫软变得蔫巴之后，再将它过一下冷水，之后将菠菜叶中的水分尽量挤出。

6. 将烤盘从烤箱里取出，把菠菜叶铺在其他食材的周围。在菠菜叶之间挖出四个小坑，然后把鸡蛋打入这些小坑中。

7. 再次将烤盘送回烤箱中，继续烘烤 8 分钟。最后将烤好的各种食材与厚切烤土司片一起盛盘即可。

了解食材

"外脊培根"上有一块呈圆形的肉，就像培根片上的"眼睛"似的，这就是圆形培根。这一块肉去掉了周围的肉皮和多余的脂肪，显得肉质很厚实。如果你不容易买到这种圆形的培根肉，可以自己动手将培根上的肉皮和脂肪剔除，剔除的这部分肉质可以留作他用。

墨西哥卷饼

4 人份

如果你需要早早地起床投入到工作或训练中，那么卷饼算是早餐时的理想选择。你也可以提前一晚就把卷饼做好，用锡纸包起来。第二天就能带着出门，在晨练后把它当作早午餐来享用。它味道浓郁，同时包含了瘦肉蛋白和缓释类的碳水化合物，能满足运动前后身体对各类营养的需求。

材料 »

橄榄油　适量

紫皮洋葱　½ 颗
切成丁

孜然粉　1 茶匙

黑豆、红豆罐头　1 罐（400 克装）
将豆子倒出沥干水分

鸡蛋　6 个

墨西哥干辣椒酱（可以省略）　1 茶匙

多谷物全麦卷饼皮　4 张

牛油果　1 个
去皮去核后切成片

海盐和现磨黑胡椒　适量

墨西哥辣酱（可以省略）　适量
佐餐时使用

萨尔萨酱 »

番茄　200 克
切成丁

紫皮洋葱　½ 颗
切成末

青柠　½ 个
挤出汁

香菜　1 小把
将香菜叶和梗一同切碎成末

干辣椒面　适量

营养成分表（每份）	
热量（千卡）	432.00
脂肪（克）	20.00
饱和脂肪（克）	5.00
碳水化合物（克）	38.00
膳食纤维（克）	9.00
蛋白质（克）	21.00
盐（克）	1.30

步骤 »

1. 首先制作萨尔萨酱。将萨尔萨酱所需的全部食材倒入碗中混合均匀，根据自己的口味加入适量的盐和黑胡椒调味。将制作好的萨尔萨酱放置一旁备用。

2. 取一口大号煎锅，中火加热。往锅中多倒入一点橄榄油。油热后，将洋葱丁倒入锅中翻炒，加 1 撮盐调味。等洋葱丁被炒软，颜色有点呈半透明状时，将孜然粉加入锅中，继续翻炒 1 ~ 2 分钟，直到孜然的香气充分释放。

3. 将沥干水分的豆子倒入锅中，与洋葱丁一同翻炒均匀。

4. 把鸡蛋磕入碗中，用叉子或打蛋器打散。如果喜欢吃辣，可以往鸡蛋液中加入适量的墨西哥干辣椒酱。根据自己的口味往蛋液中加入适量的盐和黑胡椒调味。另取一口煎锅，开中小火加热，将蛋液倒入锅中，时不时地翻炒一下。等蛋液逐渐凝固后，将锅子端离炉灶，把炒好的鸡蛋倒入之前盛有豆子的锅中，与洋葱丁和豆子翻炒均匀，制成卷饼馅。

5. 将卷饼皮铺在餐盘中，把炒好的馅料平铺在饼皮的中线部分，然后舀上满满一勺萨尔萨酱，再铺几片牛油果片。

6. 将饼皮的左右两边向内折，之后从下往上将饼皮卷起制成卷饼，将馅料尽量裹紧。

7. 如果喜欢吃辣，可以配上一点墨西哥辣酱来一起享用。

墨西哥式煎蛋

2 人份

墨西哥式煎蛋是当地人经常吃的一种早餐，制作方法相当简单。非常推荐你在跑步或锻炼前后把它作为一顿丰盛的早午餐来享用，它也十分适合与家人和朋友们一同分享。如果你不想在早上吃太多的香料，可以省略菜谱中的墨西哥干辣椒和红辣椒。就我个人而言，我还是喜欢辣味带给我的刺激感。

材料 »

番茄罐头	2 罐（400 克装）
橄榄油	20 毫升
紫皮洋葱 去皮后切成丁	1 颗
大蒜 去皮后切成末	1 瓣
青椒 去籽后切成丁	1 个
墨西哥干辣椒	1 个
红辣椒 去籽后切成末	1 根
鸡蛋	4 个
墨西哥玉米饼 用于佐餐	2 张
香菜 大致切碎	1 小把
海盐和现磨黑胡椒	适量

营养成分表（每份）	
热量（千卡）	379.00
脂肪（克）	21.00
饱和脂肪（克）	4.00
碳水化合物（克）	23.00
膳食纤维（克）	7.00
蛋白质（克）	21.00
盐（克）	0.52

步骤 »

1. 打开 1 罐番茄罐头，把番茄肉倒在筛网中，将罐头中一半的汁水沥出。（沥出的汁水不要丢弃，可以用来制作其他菜肴或饮品，如“血腥玛丽”鸡尾酒。）把番茄肉和另一半的汁水放置一旁备用。

2. 取一口中号煎锅，开中高火加热，往锅中倒入一点橄榄油。等油热后，将切好的洋葱丁、蒜末、青椒丁、墨西哥干辣椒和红辣椒末倒入锅中一起翻炒。翻炒 3 分钟，直至食材逐渐变软。

3. 将第 2 罐番茄罐头打开，和之前沥出部分汁水的番茄一同倒入锅中，根据自己的口味加入适量盐和黑胡椒进行调味。开大火将锅中食材煮沸，再转成中小火，保持微微沸腾的状态继续炖煮 2 分钟。

4. 将用铲子在锅中各式食材之间挖 4 个小坑，往每个小坑里轻轻地打入一个鸡蛋。盖上锅盖焖煮 8 分钟，直至蛋白凝固、蛋黄还处于溏心状态。

5. 根据包装袋上的说明将墨西哥玉米饼回炉热透。

6. 把墨西哥玉米饼铺在餐盘中，舀上些制作好的墨西哥式煎蛋，最后再撒上 1 大把香菜碎即可。

运动训练日的午餐

酷爽西瓜奶酪薄荷沙拉

4 人份

虽然这道沙拉听起来清淡又健康，但这并不意味着它不能提供运动所需的能量。而且，水果、蔬菜和酸奶中的天然糖分很容易被身体吸收。需要注意的是，不要提前太久将这道沙拉做好，因为西瓜中的水分会被奶酪吸走，吃起来就没有那么脆了。

材料 »

西瓜（中等大小） 西瓜肉切成大块	½ 个
樱桃萝卜 洗净后切片	100 克
甜豆豆荚或嫩豌豆 将豆荚头尾的硬筋撕掉，对半切开	100 克
干牛至	½ 茶匙
薄荷 将薄荷叶大致切碎	小半把
海盐和现磨黑胡椒	适量

酸奶奶酪酱汁 »

菲达奶酪 沥干乳清后将奶酪撕成小块	75 克
原味酸奶	125 克
水或牛奶	少许
薄荷 将薄荷叶切成细丝	小半把

步骤 »

1. 将奶酪加入一个敞口瓶或碗中，用电动手持搅拌棒搅打至顺滑状态。如果没有手持搅拌棒，就先用叉子将奶酪碾碎。

2. 往盛有奶酪的碗中倒入酸奶，搅拌均匀，如果酱汁过于浓稠可以加入适量的水或牛奶进行稀释。然后将切碎的薄荷叶拌入酱汁中。尝一尝酱汁的味道，根据自己的口味加入适量的盐和黑胡椒进行调味。

3. 将切好的西瓜、萝卜片和豆荚铺在餐盘中。撒上干牛至和薄荷叶丝，最后淋上酱汁即可。

营养成分表（每份）	
热量（千卡）	275.00
脂肪（克）	6.00
饱和脂肪（克）	3.00
碳水化合物（克）	45.00
膳食纤维（克）	3.00
蛋白质（克）	9.00
盐（克）	0.56

时蔬山核桃奶酪沙拉

4 人份

这道五彩时蔬沙拉不仅卖相好看、口感爽脆，味道也相当不错。如果你能买到一些稀有颜色的甜菜根，这道菜的色彩将更加出众。在奶酪的使用上，建议你选择质地硬实一点的蓝纹奶酪，这种奶酪能更容易被掰成小块。这款沙拉适合与燕麦蛋糕、全麦面包或裸麦面包一起搭配享用，这样一来，碳水化合物也能得到补充。

材料 »

甜菜根 选用不同颜色的，洗净后去皮	3 个
青苹果	1 个
柠檬 挤出汁	1 个
白萝卜或樱桃萝卜	75 克
胡萝卜	2 根
芹菜梗 将叶子摘掉用于装饰菜肴	3 根
蓝纹奶酪 撕成小块	75 克

核桃油酱汁 »

核桃油	2 汤匙
特级初榨橄榄油	2 汤匙
柠檬 挤出汁	1 个
香葱 切成末	1 小把
海盐和现磨黑胡椒	适量

营养成分表（每份）	
热量（千卡）	377.00
脂肪（克）	31.00
饱和脂肪（克）	6.00
碳水化合物（克）	15.00
膳食纤维（克）	6.00
蛋白质（克）	8.00
盐（克）	0.71

琥珀山核桃仁 »

山核桃仁	75 克
枫糖浆	1 汤匙
海盐	1 撮

步骤 »

1. 将烤箱预热至 170℃。

2. 首先制作琥珀山核桃仁。将枫糖浆倒在山核桃仁上，再撒上 1 小撮盐。翻拌山核桃仁使每一粒核桃仁都能均匀地裹上糖浆。将山核桃仁铺在烤盘中，彼此之间不要互相堆叠。然后把烤盘送入烤箱中，烘烤 5 ~ 7 分钟。中途需将烤盘取出翻一翻核桃仁，使之均匀受热。等核桃仁被烤到呈现焦糖色后即可取出烤盘，将烤好的核桃仁自然晾凉。烘烤过程中需要频繁地观察核桃仁的上色程度，否则会很容易被烤焦。

3. 将甜菜根擦成极薄的薄片，放在一个盛有冷水的大碗里。（如果选用了紫色的甜菜根，则需要把它放在另一个碗里，以免互相染色。）

4. 将苹果去核，果肉擦成圆形薄片，放入一个大碗中。往苹果片上挤些柠檬汁防止它氧化变色。

5. 将萝卜切成薄片，放入盛有苹果片的碗中。

6. 拿一个刮皮刀，将胡萝卜刨成缎带状的长条薄片，放入同一个碗中。

7. 将芹菜梗斜着切成薄片。

8. 接着制作核桃油酱汁。将所有食材搅拌混合，根据自己的口味加入适量的盐和黑胡椒进行调味。

9. 上餐之前，将甜菜根片从水中捞出沥干水分。盛有各式蔬菜的沙拉碗中应该也有食材析出的汤汁，将这些汁水倒掉，再用厨房用纸将食材表面的水分沾干。然后将所有沙拉菜一同倒入一个干燥的大碗中，再淋上调制好的核桃油酱汁，将沙拉菜与酱汁翻拌均匀。

10. 接着把蓝纹奶酪块和琥珀山核桃仁拌入沙拉。将制作好的沙拉盛入餐盘中，最后撒上几片芹菜叶点缀一下即可。

烟熏鲭鱼甜菜根西蓝花沙拉

4 人份

甜菜根是健身爱好者饮食中的秘密武器。研究表明，经常食用甜菜根和它的汁液可以使你在健身时的耐力更持久。甜菜根不需要额外的烹饪，生吃已经非常美味，而且生吃还能避免一些营养元素在加热后流失。同样的道理，西蓝花也可以直接生吃。但我还是建议你把西蓝花煎烤一下，这样能给沙拉增加一种美味的焦香风味。此外，这道午餐沙拉富含蛋白质，可以在锻炼后为身体补充能量。

材料 »

西蓝花 切成小朵	1 棵
橄榄油	适量
甜菜根 去皮后擦丝	400 克
烟熏鲭鱼柳	4 份
欧芹 将叶子大致切碎	小半把
海盐和现磨黑胡椒	适量

酱汁 »

辣根酱	1 汤匙
柠檬 挤出汁	½ 个
特级初榨橄榄油	2 汤匙

步骤 »

1. 取一口大号煎锅，开中火加热，将切好的西蓝花倒入锅中。往西蓝花上淋适量的橄榄油，翻拌一下使每朵西蓝花都能沾上油。之后将西蓝花煎 3 ～ 4 分钟，期间不需要翻炒它。等到边缘微微上色后，给每朵西蓝花翻个面，将另一面也煎制上色。煎制过的西蓝花口感应该还是脆脆的，将其盛出放置一旁备用。

2. 把制作酱汁所需的调味料在小碗中均匀混合。如果喜欢酸一点的口味，可以多加一点柠檬汁。

3. 将擦成碎丝的甜菜根铺在餐盘中，再盛上煎制过的西蓝花，简单地翻拌一下。然后把烟熏鲭鱼柳撕成小块摆入盘中，如果发现鱼刺则将其剔除。接着撒上切碎的欧芹叶、盐和黑胡椒，将盘中所有食材翻拌均匀。

4. 最后将调制好的酱汁淋在沙拉上即可。若给这道菜盖上保鲜膜后放冰箱，可以冷藏保存 3 天。

营养成分表（每份）	
热量 (千卡)	611.00
脂肪（克）	44.00
饱和脂肪（克）	8.00
碳水化合物（克）	12.00
膳食纤维（克）	8.00
蛋白质（克）	39.00
盐（克）	3.08

创意变化

如果你想尽可能提高自己的糖原水平，还可以给每人加一把煮熟的小扁豆、古斯米或其他谷物，与沙拉一起享用。

寿司沙拉碗

4 人份

如果你很想吃寿司，但又怕制作过程烦琐，那么这道沙拉将给你带来全新的体验。食谱中的藻类不是必需的食材，但考虑到它所包含的丰富的营养素以及特别的口感，还是值得一试的。单吃这道沙拉已经能让人很有饱腹感了，但你依然可以往里面添加些烟熏或生食三文鱼、金枪鱼、虾仁或其他鱼片，来进一步增加蛋白质含量。

材料 »

西蓝花 1 棵
切成小朵

干燥的藻类食材（如红藻或裙带菜） 2 汤匙
可以用 3 片干海苔来代替，揉碎后使用

糙米饭 400 克（约用 100~125 克生米煮制而成）
煮熟晾凉

黄瓜 1 根
去籽后切成薄片

牛油果 2 个
去皮去核后切成薄片

寿司姜 50 克
切成细条

芝麻（黑芝麻或白芝麻均可） 2 汤匙

香葱 1 小把
切成末

酱油 2 汤匙

糙米醋 4 茶匙

芝麻油 2 茶匙

步骤 »

1. 把西蓝花放入加了盐的沸水中焯烫 2 分钟，去除涩味，并使其保持脆脆的口感。将焯烫过的西蓝花捞出，过一下冷水，这样做可以避免余温继续加热而使西蓝花口感变老。

2. 将干红藻或干裙带菜放入碗中，倒入些温水将藻类浸泡 5 分钟使之变软。（如果是用海苔片来代替，则不需要浸泡）将泡软后的藻类捞出并沥干水分。

3. 把糙米饭盛入 4 只餐碗中，并将米饭集中堆放在碗中的一边，约占整个碗 1/4 的空间。之后将焯烫过的西蓝花摆入碗中，同样占整个碗 1/4 的空间。再用同样的方式将黄瓜片、牛油果片和泡开的藻类填入碗中。（如果用到了海苔片，则需要将海苔揉碎成末，在步骤 4 中与芝麻一起撒入碗中。）

4. 将寿司姜条、芝麻和香葱末撒入碗中。最后再淋上适量的酱油、几滴糙米醋和芝麻油即可。

营养成分表（每份）	
热量（千卡）	411.00
脂肪（克）	21.00
饱和脂肪（克）	4.00
碳水化合物（克）	36.00
膳食纤维（克）	12.00
蛋白质（克）	14.00
盐（克）	1.39

越南脆豆腐卷

4 人份

这道菜的灵感来源于越南三明治（越南语 :Bánhmì），我把其中的烧肉换成了烤豆腐，白法棍面包换成了全麦卷饼。改良后的三明治味道毫不逊色，而且能为运动提供更多能量来源。食谱里的泡菜与是拉差辣椒酱*可以作为冰箱中的常备菜和常备调味汁，把它们添加到任何一餐中都不违和。

材料 »

老豆腐 沥干水分	350 克
鱼露	1 汤匙
青柠 挤出汁	1½ 个
龙舌兰糖浆	2 茶匙
原味酸奶	4 汤匙
是拉差辣椒酱	1 茶匙
全麦玉米饼（大）	4 张
生菜 切成细丝	1 棵
黄瓜 切成细丝	½ 根
香菜 取香菜叶使用	1 小把

泡菜 »

白米醋	125 毫升
龙舌兰糖浆	2 茶匙
胡萝卜 去皮后切成细丝	1 根
白萝卜 切成细丝。如果买不到白萝卜，可以用 6 个樱桃萝卜代替，洗净后切成薄片。	½ 根

营养成分表（每份）	
热量（千卡）	322.00
脂肪（克）	10.00
饱和脂肪（克）	3.00
碳水化合物（克）	37.00
膳食纤维（克）	7.00
蛋白质（克）	17.00
盐（克）	1.88

***译者注**

是拉差是泰国春武里府的一个小城。

步骤 »

1. 首先制作泡菜：将白米醋和龙舌兰糖浆倒入一个浅口大碗中，作为泡菜汁。然后把胡萝卜丝和白萝卜丝倒入碗中，并与泡菜汁翻拌均匀后用保鲜膜盖住碗口。泡菜需要腌制至少30分钟。（注意最多不要超过48小时）

2. 将烤箱预热至170℃。

3. 把老豆腐放在两层厨房纸巾中间，拿一个重物（如铸铁平底锅）压住豆腐。压20分钟左右，使其中的水分尽量被挤出。

4. 将压出水分的豆腐改刀成适口大小。

5. 将鱼露、青柠汁和龙舌兰糖浆倒在一起，搅拌均匀制成腌料。之后将腌料淋在豆腐块上，轻轻地翻拌，使每块豆腐都能沾上腌料。

6. 将腌制过的豆腐铺在不粘烤盘上，注意互相不要堆叠。将烤盘送入预热好的烤箱中，烘烤20 ~ 25分钟。烘烤途中需要偶尔将烤盘取出，翻动一下豆腐，使豆腐的各个面均匀上色。将豆腐块烤制表皮金黄酥脆、内里还保持软嫩的状态。

7. 烤制豆腐的同时，将原味酸奶和是拉差辣椒酱混合并搅拌均匀，制成酸奶辣酱。

8. 等豆腐烤好后，将烤盘从烤箱中取出，放置一旁备用。往每张全麦玉米饼上涂上些酸奶辣酱，铺上生菜丝和适量的黄瓜丝与香菜叶。然后，将之前做好的烤豆腐和泡菜也铺在饼上，再淋上少许泡菜汁。

9. 最后再往卷饼馅上加上一勺酸奶辣酱。将玉米饼的左右两边向内折，之后从下往上将饼皮慢慢卷起制成卷饼，卷的时候需要将馅料尽量裹紧。将卷饼斜着切成两等分，即可装盘上餐。

创意变化

通过使用不同的腌料，豆腐的味道也能千变万化。例如，你可以试着用少许酱油、米醋和一点味噌酱来给豆腐调味；也可以换成酱油和海鲜酱的组合。如果你实在不喜欢吃豆腐，也可以用腌制过的鸡肉或者虾仁来代替。

加州烤鸡三明治

4 人份

我家有四个十几岁的孩子，为了满足孩子们对比萨、汉堡和炸鸡等快餐的渴望，我总是在寻找更加健康的烹饪方式来制作这些食品。根据这款食谱做出来的炸鸡三明治无论看起来还是尝起来都很正宗，但实际上我用烤鸡代替了脆皮炸鸡，用酸奶酱代替了油腻的蛋黄酱。这款三明治非常受孩子们欢迎，看着他们吃得开心，作为家长我也感到很欣慰。

材料 »

全麦面粉	50 克
白脱牛奶 或用 2 个鸡蛋代替，打散成蛋液	200 毫升
膨化大米花	150 克
大蒜粉	2 茶匙
洋葱粉或洋葱粒	2 茶匙
辣椒粉	4 茶匙
干鼠尾草	1 茶匙
鸡胸肉片	8 小块
全麦面包胚	4 个
牛油果 去皮去核后切成薄片	1 个
卷心莴苣 切成细丝	½ 棵
海盐和现磨黑胡椒	适量
墨西哥辣酱（可以省略） 佐餐时使用	适量

营养成分表（每份）	
热量（千卡）	510.00
脂肪（克）	13.00
饱和脂肪（克）	4.00
碳水化合物（克）	67.00
膳食纤维（克）	8.00
蛋白质（克）	27.00
盐（克）	1.30

酸奶酱汁 »

希腊酸奶	75 毫升
大蒜 捣成蒜泥	½ 瓣
苹果酒醋	1 茶匙

步骤 »

1. 将烤箱预热至 180℃。

2. 将全麦面粉、白脱牛奶和膨化大米花分别倒入三只浅口碗中。往全麦面粉中加入适量盐和黑胡椒调味。往白脱牛奶中倒入大蒜粉、洋葱粉、辣椒粉和干鼠尾草，搅拌均匀。之后用手将膨化大米花捏碎一点，但不要完全碾成粉。

3. 将鸡胸肉片的正反面都拍上全麦面粉，再抖一抖，将多余的面粉抖掉。之后将鸡胸肉片浸入白脱牛奶中再拎出，让多余的牛奶自然滴回碗中。再把鸡胸肉片放入膨化大米花碎中，使正反面都均匀地裹上大米花碎。将鸡胸肉片放入烤盘中，重复以上步骤将剩余的鸡胸肉片也调制好。

4. 将烤盘送入预热好的烤箱中，烘烤 25 ~ 30 分钟，时间过半后需要将烤盘取出，给鸡胸肉片翻个面再继续烘烤。等鸡胸肉片完全被烤熟、表皮变得金黄酥脆就可以出炉了。

5. 烤制鸡胸肉片的同时，来制作酸奶酱汁：将酸奶、蒜泥和苹果酒醋混合均匀，根据自己的口味加入适量的盐和黑胡椒调味。尝一尝酱汁的味道，如果喜欢吃酸的可以再加些苹果酒醋。

6. 将全麦面包胚横向剖开成两片，把莴苣丝和切好的牛油果片铺在面包上。

7. 将烤好的鸡胸肉片摆在牛油果片上，再往鸡胸肉上舀一勺之前做好的酸奶酱汁。如果喜欢吃辣的话，还可以淋上少许墨西哥辣酱。最后将另外一片面包盖在鸡胸肉片上即可。

糖原负荷法与赛前晚餐

南印度风味咖喱鱼

6 人份

这款咖喱鱼带有微微的辣味和一点特殊的酸甜口味，在印度南部地区很受欢迎。将它配上印度香米饭或糙米饭，就是一顿营养均衡的运动前餐。其中，椰子中含有一种饱和脂肪，其代谢速度比动物类脂肪更快。在参与耐力运动和比赛时，椰子可以为人体提供充足的能量。

材料 »

无味食用油	½ 汤匙
洋葱 去皮后切成薄片	2 颗
芥末籽	2 茶匙
姜黄粉	1 茶匙
孜然粉	2 茶匙
生姜 去皮后磨成姜蓉	1 小块（长约 3 厘米）
红辣椒 去籽后切成末	1 ~ 2 根
低脂椰奶	1 罐（400 毫升）
罗望子酱 或将罗望子膏兑水后化开（详见第 103 页小贴士）	1 ~ 2 汤匙
小茄子 切成适口大小的块	1 个
胡萝卜 切成适口大小的圆片	2 根
四季豆 将豆角头尾的硬筋撕掉，再将每根豆角切成两段	200 克
白鱼肉（例如鳕鱼） 切成适口大小的块	600 克
海盐和现磨黑胡椒	适量

佐餐食材 »

椰奶姜蓉糙米饭	适量
椰蓉（可以省略） 焙香后使用	2 汤匙

步骤 »

1. 取一口大一点的锅，倒入适量的食用油，开中火加热。等油热后，将洋葱片倒入锅中，加入适量的盐调味。将洋葱片翻炒 8 ~ 10 分钟，直至变软。

2. 将芥末籽、姜黄粉和孜然粉加入锅中，与洋葱一起翻炒出香味。之后把姜蓉和辣椒末也倒入锅中，翻炒几分钟。

3. 将椰奶、罗望子酱和 400 毫升水倒入锅中，加入适量的盐和黑胡椒调味。等锅中食材煮沸后转成小火，使食材保持微微沸腾的状态。

4. 把切好的茄子块倒入沸腾的锅中，炖煮 5 分钟。之后将胡萝卜片也倒入锅中，继续炖煮 10 ~ 15 分钟，直到茄子块和胡萝卜片都被煮软，酱汁也开始变得浓稠。

5. 将切好的四季豆也倒入锅中，炖煮 3 分钟，最后再将鱼块倒入锅内。继续炖煮 3 ~ 4 分钟，直至鱼肉熟透。

6. 将糙米饭盛入餐碗，再将煮好的咖喱舀在米饭上，最后撒上些焙香过的椰蓉作为点缀。

营养成分表（每份）	
热量（千卡）	342.00
脂肪（克）	8.00
饱和脂肪（克）	5.00
碳水化合物（克）	42.00
膳食纤维（克）	5.00
蛋白质（克）	23.00
盐（克）	0.22

清酒味噌蒸青口配荞麦面

4 人份

酒蒸青口是一道非常经典的法式菜肴，在这道菜中我将奶油省略了，并将它做成了日式风味。佐餐的荞麦面是由荞麦面粉制作而成的，这种面粉不含脂肪与麸质，但它富含丰富的碳水化合物，能为你的身体迅速补充能量。另外，荞麦面能将菜肴中的鲜美汤汁充分吸收，由于味噌很咸，所以一定要在餐后多喝一点水。烹饪青口剩下的清酒在就餐时享用再适合不过了，前提是你第二天不参加任何运动比赛！

材料 »

新鲜青口	2000 克
荞麦面	200 克
西蓝花	125 克
无味食用油	1 茶匙
小红葱头 去皮后切成薄片	1 颗
生姜 去皮后磨成姜蓉	1 小块（长约 2 厘米）
大蒜 去皮后切成片	2 瓣
味噌	1 汤匙
日本清酒	250 毫升

步骤 »

1. 将青口倒入盛有冷水的水池或大碗中，用手碰一碰青口坚硬的外壳，如果被触碰后青口没有闭合，就说明它不够新鲜了，不再适合食用。将新鲜的青口冲洗干净后捞出，把内脏和绒毛撕掉。

2. 取一口中号的煮锅，往锅中倒入适量的热水并将其煮沸。把荞麦面放入锅中煮 4 分钟，之后倒入西蓝花，与荞麦面一起煮 2 ~ 3 分钟。捞起一根荞麦面尝一尝它的软硬程度，如果面条爽滑，没有硬芯，即可关火出锅，注意不要煮得过于软烂。将煮好的荞麦面挑入漏勺中沥干水分，之后将其均匀地盛入 4 只餐碗中，再铺上煮熟的西蓝花。

3. 接着来烹饪青口。取一口大号带盖厚底砂锅或煎锅，往锅中倒入无味食用油，开中火加热。等油热后将小红葱头片、姜蓉和蒜片倒入锅中，翻炒 2 分钟，直至小红葱头变软。

4. 把味噌倒入锅中与其他食材一同翻炒。然后将炉火开大一点，把日本清酒倒入锅中，与味噌搅拌均匀。待锅中食材煮沸后，再等 2 分钟让酒精挥发。接着将洗干净的青口倒入锅中翻炒，使之均匀地裹上清酒味噌汁。然后盖上锅盖，依靠锅内的蒸汽将青口蒸熟。为了使青口能够均匀受热，期间需将锅子偶尔晃动一下。3 ~ 4 分钟后，青口应该会全部张开硬壳，受热后不能张开外壳的青口则不建议食用。

5. 将蒸制好的青口盛入装有荞麦面的碗中，最后再往碗中淋上些蒸制青口的汤汁，即可上餐。

营养成分表（每份）	
热量（千卡）	439.00
脂肪（克）	7.00
饱和脂肪（克）	1.00
碳水化合物（克）	43.00
膳食纤维（克）	1.00
蛋白质（克）	34.00
盐（克）	2.75

了解食材

青口含有丰富的铁元素，每 100 克青口的铁元素含量比红肉还要高！

椰奶姜蓉糙米饭

6 人份

这款椰奶姜蓉糙米饭与普通的大米饭可谓有天壤之别。它闻着香气扑鼻，尝起来味道浓郁，适合与咖喱或任何亚洲风味的菜肴相搭配。用椰奶来煮制米饭确实会增加食物中的油脂含量和饱和脂肪，但它也有好处：在运动比赛前一晚把这款糙米饭当作晚餐来享用，将是个不错的选择。

材料 »

菜籽油	1 汤匙
洋葱（小） 去皮后切成丁	1 颗
生姜 去皮后磨成姜蓉	1 小块（长约 3 厘米）
姜黄粉	1 茶匙
印度香糙米	300 克
低脂椰奶	1 罐（400 毫升装）
香菜末（可以省略） 用于点缀菜肴	适量
海盐	适量

步骤 »

1. 取一口中号厚底煎锅，开中火加热，往锅中倒入油。等油热后，将切好的洋葱丁倒入锅中，加入适量的盐进行调味。翻炒 5 ~ 6 分钟，直至洋葱变软。

2. 把姜蓉和姜黄粉倒入锅中，与洋葱一起翻炒 2 分钟。之后将糙米也倒入锅中，与锅中食材一同翻炒均匀，使糙米均匀地裹上油。

3. 将椰奶和 400 毫升沸水倒入锅中，使锅中的食材保持微微沸腾的状态，煮 5 分钟。之后盖上盖子，转成最小火，煮 30 ~ 35 分钟，直到锅中汤汁被米粒吸收，米饭变得松软可口。

4. 将煮好的糙米饭端离炉灶，拿一个叉子翻拌一下使米饭更加松软，可以根据自己口味加入适量的盐进行调味。将米饭盛入餐碗中即可上餐。如果喜欢吃香菜的话，还可以往米饭上撒适量的香菜末作为点缀。

营养成分表（每份）	
热量（千卡）	289.00
脂肪（克）	9.00
饱和脂肪（克）	5.00
碳水化合物（克）	45.00
膳食纤维（克）	2.00
蛋白质（克）	6.00
盐（克）	0.00

如何充分利用隔夜剩米饭

在第二天做午饭或晚饭时，可以将隔夜的剩米饭与蔬菜、鸡蛋、肉类、虾仁或豆腐一起炒制，做成美味的炒饭。

五香鱼肉塔可

4 人份

在我家，所有人都非常喜欢吃墨西哥塔可，因为它能满足每个人不同的口味需求——尽管我的儿子杰克非常喜欢吃辣，而他的双胞胎妹妹霍莉的口味则十分清淡。但我只需把玉米饼和各式配菜摆在餐桌上，他们都能根据个人喜好来制作自己心目中最好吃的塔可。在比赛日当天或前一天为家人们准备塔可是个非常不错的选择，有参赛项目的家庭成员可以多吃几个塔可来为身体补充足够的能量。

材料 »

原味酸奶	100 克
墨西哥干辣椒酱	½ 汤匙
紫甘蓝 切成细丝	¼ 颗
紫皮洋葱（小） 去皮后切成末	1 颗
牛油果 去皮去核后将果肉切碎	1 个
青柠 切成角状	2 个
塔可玉米饼（小） 或 4 张大塔可玉米饼	12 张
孜然粉	2 茶匙
烟熏辣椒粉	1 茶匙
面粉或米粉	1½ 汤匙
白鱼肉柳 将鱼柳去皮去刺	300 克
椰子油或无味食用油	适量
海盐和现磨黑胡椒	适量

营养成分表（每份）	
热量（千卡）	575.00
脂肪（克）	19.00
饱和脂肪（克）	5.00
碳水化合物（克）	74.00
膳食纤维（克）	4.00
蛋白质（克）	26.00
盐（克）	2.86

步骤 »

1. 将原味酸奶和墨西哥干辣椒酱倒入小碗中，搅拌均匀制成酸奶辣酱。如果你喜欢吃辣，可以多放一点辣椒酱。

2. 将紫甘蓝丝、洋葱末、牛油果碎和青柠盛入 4 只餐碗中，放置一旁备用。

3. 取一口大号的煎锅，开中火加热。准备一小碗水稍后会用到。将玉米饼放入平底锅中加热 2 分钟，中途给玉米饼翻个面儿使之受热均匀。如果煎锅足够大，可以同时加热 2 张玉米饼。在加热的过程中，用手指蘸一下碗中的水，将水弹到玉米饼上，这样能让玉米饼更加松软。将温热的玉米饼用干净的厨房巾盖起来保温。

4. 将孜然粉、烟熏辣椒粉和面粉混合制成鱼肉的裹粉，根据自己的口味加入适量的盐和黑胡椒进行调味。然后将鱼柳均匀地裹上香料粉。

5. 往煎锅中倒入 1 汤匙椰子油，等油热后，把鱼肉放入锅内煎制 2 ~ 4 分钟，（时间的长短取决于鱼肉的厚度），直至鱼肉熟透。将鱼肉盛出放置一旁备用。

6. 将煎好的鱼柳撕成适合入口的大小，盛入餐盘。将鱼肉同之前准备好的蔬果、酸奶辣酱和玉米饼一同端上桌，根据自己的喜好来亲手制作塔可。

创意变化

这道鱼肉菜的应用范围非常广，除了可以选用常见的黑线鳕或鳕鱼来烹调，还可以将其替换成银鳕鱼、青鳕、无须鳕、绿青鳕或鲂鱼。如果你买到了不常见的新品种的鱼类，也可以用上述烹饪方法来制作看看。

红薯条佐切尔穆拉辣酱

4 人份

与土豆相比，红薯不仅同样富含碳水化合物，还含有更多的膳食纤维、维生素A和维生素C。在制作烤红薯条时，我建议你将富含营养元素的红薯皮保留，这样做出来的红薯条要比传统的油炸薯条健康得多。切尔穆拉辣酱是一种源自北非的酱汁，它口味浓郁，和红薯的甜味十分搭配。如果切尔穆拉辣酱和其他菜肴不搭配，也可将其省略。不过我强烈建议你试试将切尔穆拉辣酱与第 154 页的加州烤鸡三明治相配，或者与牛排、汉堡及香肠一起享用。

材料 »

红薯 3 个
将表皮擦洗干净，切成宽 1 厘米的条

橄榄油 1 汤匙

海盐和现磨黑胡椒 适量

切尔穆拉辣酱 »

烟熏辣椒粉 ½ ~ 1 茶匙

柠檬 ½ ~ 1 个
挤出汁

香菜 1 大把

扁叶欧芹 1 小把
取叶子使用

大蒜 2 瓣
去皮后切成末

生姜 1 小块（长 2 厘米）
去皮后切成末

红辣椒（可以省略） ½ 根
去籽后切成末

孜然粉 2 茶匙

橄榄油 适量

营养成分表（每份）	
热量（千卡）	318.00
脂肪（克）	16.00
饱和脂肪（克）	2.00
碳水化合物（克）	36.00
膳食纤维（克）	3.00
蛋白质（克）	7.00
盐（克）	0.19

步骤 »

1. 将烤箱预热至 190℃。

2. 把切好的红薯条放入大碗中，淋上橄榄油，再加入适量的盐和黑胡椒进行调味。翻拌红薯条，使之均匀地裹上调味料。之后把红薯条均匀铺在烤盘中，送入预热好的烤箱中，先烘烤 15 分钟，然后将烤盘取出，给红薯条翻个面，把烤盘再次送入烤箱，继续烘烤 7 ~ 10 分钟，直至红薯条变得金黄酥脆。

3. 在烤制红薯条的同时，我们来制作切尔穆拉辣酱。除了橄榄油之外，将制作辣酱所需的食材全部倒入料理机中搅碎。（可以先放 ½ 茶匙烟熏辣椒粉和半个柠檬挤出的汁。）

4. 在料理机运转时，从加料口慢慢倒入橄榄油（约 50 毫升），与其他食材一同搅打成糊状。尝一尝味道，根据自己口味加入适量的盐和黑胡椒进行调味。如果觉得滋味不够，可以再多放点柠檬汁和烟熏辣椒粉。

5. 把切尔穆拉辣酱盛入蘸碟中，即可与烤好的红薯条一同上餐。如果一次性吃不完那么多切尔穆拉辣酱，可以用保鲜膜盖住辣酱冷藏保存，最长可达 1 周。

切尔穆拉辣酱的食用方法

切尔穆拉辣酱还可以用来腌制肉和鱼，只需将配料表中的油量减少一点，使切尔穆拉辣酱更加浓稠。

鸡肉鹰嘴豆大炖锅

4 人份

除了要摄取适量的碳水化合物，健身期间的饮食计划还应注重蛋白质的摄人，比如多吃些鸡肉和鱼肉。我十分钟爱炖菜类的菜肴，它们的做法相当简单，备菜过程也不烦琐，这道鸡肉炖锅就是如此。经过长时间的炖煮，鸡肉变得非常入味，同时也很容易消化。再加上优质碳水化合物的绝佳来源——鹰嘴豆和古斯米，可谓是一举两得啊！

材料 »

鸡高汤	1.25 升
熟古斯米	400 克
藏红花	1 撮
橄榄油	适量
去皮鸡腿肉	1 千克
洋葱 去皮后切成丁	2 颗
大蒜 去皮后切成末	2 瓣
肉桂棒	1 根
芫荽粉	2 茶匙
姜黄粉	1 茶匙
蜜饯柠檬 大致切碎	2 个
鹰嘴豆罐头 将鹰嘴豆冲洗干净并沥干水分	2 罐（400 克装）
去核黑橄榄 对半切开	40 克
小葱 撕去干掉的表皮，再切成末	2 根
樱桃萝卜 洗净后切成 4 瓣	6 根
欧芹 大致切碎	1 大把
海盐和现磨黑胡椒	适量

步骤 »

1. 将鸡高汤倒入煮锅中煮开。

2. 把熟古斯米倒入一个大碗中，然后往碗中盛入 500 毫升煮沸的鸡高汤。用保鲜膜盖住碗口，放置一旁备用。将藏红花放入盛有剩余鸡高汤的锅里，静置一会儿使藏红花的味道溶入鸡汤中。

3. 取一口大号的炖锅，开中高火加热，往锅中倒入适量橄榄油。等油热后，把一半的鸡腿肉放入锅内，将鸡肉的正反面煎制上色后将鸡肉盛出。重复以上步骤，把另一半鸡腿肉也煎制上色，再盛出备用。如果在煎的过程中，锅中油量有所减少，可以再往锅中倒入适量橄榄油。

营养成分表（每份）	
热量（千卡）	902.00
脂肪（克）	27.00
饱和脂肪（克）	5.00
碳水化合物（克）	101.00
膳食纤维（克）	16.00
蛋白质（克）	56.00
盐（克）	1.09

4. 转中火，将切好的洋葱丁、蒜末和肉桂棒放入刚刚煎制鸡肉的炖锅中。将锅中食材炒 8 ~ 10 分钟，直至洋葱变软，并且颜色开始变成半透明状。如果发现洋葱有点粘锅底，可以往锅里倒入一点水，再铲一铲粘住的洋葱，注意不要倒更多的油。

5. 往将芫荽粉、姜黄粉和切碎的蜜饯柠檬也倒入炖锅中，与其他食材继续翻炒 1 分钟。

6. 将刚刚煎制过的鸡腿肉铺在炖锅中，倒入浸有藏红花的鸡高汤。开大火将锅中食材煮沸后转为中小火，使汤面保持微微沸腾的状态，再炖煮 20 分钟。

7. 将鹰嘴豆和黑橄榄倒入炖锅内，继续炖煮 15 分钟，直至鸡肉完全成熟、鹰嘴豆也被煮软。

8. 之前浸泡在鸡高汤中的古斯米可以拿来继续制作了。将碗口的保鲜膜撕掉，把切好的葱末和萝卜放入碗中，淋上少许橄榄油，再撒上一半的欧芹碎。根据自己的口味加入适量的盐和黑胡椒进行调味。

9. 将剩余一半的欧芹碎撒入炖锅中，与备好的古斯米一起上餐即可。

香酥火鸡排配鸡蛋土豆沙拉

2 人份

每每谈及碳水化合物，西方人一般只会想到意大利面和烤土豆。如果不依赖这两种食材来增加碳水化合物的摄取，那还是挺有挑战性的。在这道菜中，我给火鸡肉裹上了燕麦，再配上一份香草土豆沙拉，碳水化合物的摄入量便能够显著提高。注意，通过敲打来松弛火鸡肉纤维的时候，重要的是让肉片薄厚均匀，无须保持肉的造型，就算肉被敲得走了样，也不必担心。

材料 »

去皮火鸡胸肉	2 块
即食燕麦片	125 克
烟熏甜辣椒粉	3 茶匙
鸡蛋	2 个
面粉	40 克
小土豆	300 克
橄榄油	40 毫升
莳萝 大致切碎	1 小把
欧芹 大致切碎	1 小把
香葱 切成末	1 小把
刺山柑	2 茶匙
海盐和现磨黑胡椒	适量
芝麻菜 佐餐时使用	适量

营养成分表（每份）	
热量（千卡）	859.00
脂肪（克）	32.00
饱和脂肪（克）	6.00
碳水化合物（克）	80.00
膳食纤维（克）	12.00
蛋白质（克）	57.00
盐（克）	0.62

步骤 »

1. 在砧板上铺一层保鲜膜，把一块火鸡肉放在保鲜膜上，然后往火鸡肉上铺一层保鲜膜。之后用肉锤或擀面杖将火鸡肉敲打成厚 1 厘米的肉片。重复以上步骤，将另一块火鸡肉也敲打松弛。

2. 将即食燕麦片和烟熏甜辣椒粉倒在一个大盘子里，将两者混合均匀。

3. 另取一个盘子，把面粉倒入盘中，再往面粉里加入适量的盐和黑胡椒进行调味。将一个鸡蛋磕入碗中，用叉子将其打散成蛋液。

4. 取一片火鸡肉，先将肉片的正反面蘸上面粉，接着蘸一下鸡蛋液，最后再将它均匀地裹上即食燕麦片。重复以上步骤，将另一片火鸡肉也裹上面粉、蛋液与即食燕麦片。将裹好面衣的火鸡肉放入冰箱中冷藏，接着我们来制作土豆沙拉。

5. 烧一锅开水，将小土豆放入沸水中煮 5 分钟，之后将另一个鸡蛋也放入锅中，继续煮 10 分钟，使鸡蛋煮熟、小土豆变软。

6. 用漏勺将小土豆和鸡蛋捞出，把鸡蛋过冷水降温。

7. 把沥干水分的小土豆放入大碗中。等到鸡蛋不烫手之后，将鸡蛋壳剥掉、把鸡蛋切碎，并与小土豆混合在一起。拿叉子将小土豆压扁。在土豆泥还温热的时候，往碗中倒入 15

毫升橄榄油、莳萝碎、欧芹碎、香葱末和刺山柑，可根据自己的口味加入适量的盐和黑胡椒进行调味。将碗中的食材翻拌均匀，放置一旁备用。

8. 取一口大号的平底不粘锅，开中火加热，往锅中倒入剩余的橄榄油。等油热后，将备好的火鸡肉轻轻地放入锅中，每面煎 4 分钟。煎制的时间可能会因为火鸡肉的薄厚而有所不同。

9. 将煎好的火鸡肉与土豆鸡蛋沙拉盛盘，最后再往盘中放上一把芝麻菜来佐餐。

可修复肌肉的高蛋白赛后晚餐

五香肉丸配干小麦沙拉

4 人份

这道高蛋白的沙拉汇集了中东风味与北非风味。它制作起来十分简单，也很适合在运动之后来享用，可以修复受损的肌肉。你可以将大部分食材提前备好，在晚餐前只需将肉丸烤熟就行了。在烤肉丸的同时，你还能坐下来休息一下，等待片刻便能享受一顿美味的晚餐了。

材料 »

材料	用量
橄榄油	2 汤匙
紫皮洋葱 去皮后切成丁	2 颗
大蒜 去皮后切成粒	1 瓣
白腰豆罐头 将豆子倒出沥干水分	1 罐（400 克装）
番茄罐头 将果肉切碎	1 罐（400 克装）
哈里萨辣酱	1 ~ 2 茶匙
鸡高汤或蔬菜高汤	500 毫升
碾碎的干小麦	250 克
瘦羊肉馅（脂肪少于 10%）	125 克
瘦火鸡肉馅（脂肪少于 2%）	175 克
鸡蛋	1 个
面包糠	75 克
肉桂粉	1½ 茶匙
孜然粉	1½ 茶匙
欧芹 大致切碎	1 大把
薄荷 大致切碎	1 大把
柠檬 挤出汁	1 个
海盐和现磨黑胡椒	适量

佐餐食材 »

烤饼	适量
零脂肪希腊酸奶	适量

步骤 »

1. 取一口煮锅，开中高火加热，往锅中倒入 1 汤匙橄榄油。等油热后，将蒜粒和一半的洋葱丁倒入锅中，翻炒 5 分钟。之后，将白腰豆和番茄碎倒入锅里，再用罐头盒接半罐水加入锅中。将锅中食材煮沸后转成小火，使之保持微微沸腾的状态，继续炖煮 10 分钟。

2. 关火后将锅子端离炉灶，将哈里萨辣酱倒入锅中，根据自己的口味加入适量的盐和黑胡椒进行调味。

3. 另取一口锅，把鸡高汤倒入锅中煮沸。将碾碎的干小麦倒入一个大碗中，把煮沸的鸡汤浇在盛有干小麦的碗里。用保鲜膜将碗口盖住，让干小麦在热鸡汤中浸泡至少 10 分钟。

营养成分表（每汤匙）	
热量（千卡）	561.00
脂肪（克）	12.00
饱和脂肪（克）	3.00
碳水化合物（克）	67.00
膳食纤维（克）	16.00
蛋白质（克）	37.00
盐（克）	1.04

4. 与此同时，我们来制作肉条。把手洗干净后，将两种肉馅与鸡蛋、面包糠、肉桂粉和孜然粉混合，再往肉馅中加入剩余的洋葱丁，撒上适量的和黑胡椒进行调味。将肉馅与其他食材搅拌均匀，然后将其分成 8 等份。把每份肉馅整形成长条状（不用很规整），放置一旁备用。

5. 将烤炉烧热，把肉条放在烤炉上烤 8 ~ 10 分钟，期间需要翻动一下肉条使之均匀上色。如果不知道肉条是否完全被烤透，可以将肉条切开检查一下。如果内芯部分的肉不再是粉红色，就说明它已经熟透了。

6. 把炉火熄灭，将烤好的肉条静置在烤架上，烤炉的余温可以起到保温的作用。

7. 将盖着干小麦的保鲜膜撕掉，往碗中倒入剩余的橄榄油，拿一个叉子翻拌一下干小麦使它的口感更加松软。然后将切碎的欧芹、薄荷和柠檬汁倒入碗中，制成干小麦沙拉，根据自己的口味加入适量的盐和黑胡椒进行调味。

8. 把烤饼铺在盘中，将肉条、煮锅中的豆子、番茄以及干小麦沙拉盛在烤饼上，最后再舀上一大勺希腊酸奶佐餐。

烤童子鸡佐玉米沙拉

4 人份

烧烤是我最喜欢的烹饪方式之一。多年以来我积累了丰富的烧烤经验，将整只鸡摊开后再炙烤，可以让它受热更加均匀。把整只鸡剖开、将脊骨取出其实并不难操作（详见烹饪小贴士），你也可以让摊主帮你拾掇好。我在英国经常会遇到连绵的阴雨天，那时候就不适合进行户外烧烤了，因此我在菜谱中也介绍了烤箱版的做法。

材料 »

童子鸡 4 只
将脊骨取出，使整只鸡摊平

玉米 4 根
将玉米皮剥去

青柠 1 个
挤出汁

墨西哥干辣椒酱 1½ 茶匙

枫糖浆 1 汤匙

橄榄油 2 汤匙

红彩椒 1 个
去籽后切成丁

紫皮洋葱（小） 1 颗
去皮后切成丁

香菜 3 ~ 4 根
将叶子摘下备用，香菜梗切碎

黑豆、红豆或花斑豆罐头 1 罐（400 克装）
将豆子倒出沥干水分

海盐和现磨黑胡椒 适量

营养成分表（每份）	
热量（千卡）	829.00
脂肪（克）	47.00
饱和脂肪（克）	11.00
碳水化合物（克）	34.00
膳食纤维（克）	13.00
蛋白质（克）	59.00
盐（克）	1.16

腌料 »

橄榄油 1 汤匙

洋葱（小） 1 颗
去皮后切成丁

大蒜 2 瓣
去皮后切成蒜末

烟熏辣椒粉 1 茶匙

番茄泥 2 汤匙

枫糖浆 2 汤匙

伍斯特沙司 2 茶匙

意大利香醋 1 汤匙

酱油 ½ ~ 1 汤匙

步骤 »

1. 先制作腌料：取一口小号煮锅，开中火加热，往锅中倒入适量橄榄油。等油热后，将洋葱丁倒入锅中，加入适量的盐调味，翻炒 5 分钟直至洋葱变软。

2. 将蒜末倒入锅中，继续翻炒 1 分钟，之后将制作腌料所需的其他食材全部加入锅里。将锅中食材翻炒均匀，煮开后再转成小火，使之保持微微沸腾的状态，将腌料熬作 5 ~ 6 分钟。如果喜欢浓郁一点的味道，还可以再多加些酱油。将熬制好的腌料放置一旁，使它自然晾凉。

3. 等腌料冷却后，把处理好的童子鸡放入一个大小合适的容器内，把腌料抹在鸡肉上。用

保鲜膜将容器口盖住，放入冰箱冷藏至少 1 小时，最长不要超过 2 天。

4. 烤童子鸡之前，将炭火烧烤炉准备好；如果使用烤箱的话，需要将烤箱预热至 180℃。将童子鸡从冰箱中取出，使它恢复至室温。

5. 如果使用的是炭火烤炉，等烤炉烧至五成热的时候，将腌制好的童子鸡放在烤架上，每面烤制 10 分钟，共烧烤 20 分钟，直至鸡肉完全成熟；如果使用的是烤箱，就将腌制好的童子鸡的鸡胸面朝上，放在烤盘上。把烤盘送入预热好的烤箱中，烘烤 30 ~ 35 分钟，直至鸡肉完全成熟。烘烤的过程中，需要将烤盘取出几次，给鸡肉的表面再刷上一点油，使鸡肉更加油润。（如果鸡翅和鸡腿骨的地方上色过深，可以盖上一张锡纸防止这些部位被烤焦。）

6. 烘烤鸡肉的同时我们来制作玉米沙拉。将煎烤盘或烤炉烧热，把整根的玉米放在煎烤盘或烤炉上烧制，直至玉米被微微烤焦，整个过程大约需要 7 ~ 10 分钟。（如果是使用炭火烤炉来烤制玉米，可以先把烤炉烧烫，在烤制鸡肉前先将玉米烤好。）

7. 在烤制玉米的时候，我们来制作沙拉酱汁。将青柠汁、墨西哥干辣椒酱、枫糖浆和橄榄油倒入一个带盖的玻璃瓶中，再加入适量盐和黑胡椒。盖上盖子，使劲摇晃玻璃瓶，使瓶内酱汁混合均匀。

8. 将烤好的玉米竖直拿起，使玉米棒的底部抵住砧板。用刀子切下玉米粒，再把玉米粒放入大碗中。

9. 接着，把切好的彩椒丁、洋葱丁、香菜梗和豆子倒入碗中，再淋上之前调好的沙拉酱汁。把碗中的食材和酱汁翻拌均匀。

10. 等童子鸡烤好后，将其从烤箱中取出，静置 5 ~ 10 分钟后再盛盘。最后往鸡肉上撒些香菜叶作为点缀，与玉米沙拉一起上餐。

如何给童子鸡开背

把鸡胸朝下、鸡腿朝向自己，用剪骨刀沿着鸡脊骨的两侧剪开，然后将脊骨取下。把整只鸡翻过来，再用手使劲按压鸡肉，就能使它摊平了。

蒜香欧芹炖珍珠鸡

4 人份

这道炖珍珠鸡算是冬季长跑或高强度健身后足以慰藉人心的一餐。在高强度的运动之后，你的身体需要补充大量的蛋白质和碳水化合物，而这道菜恰恰能够满足身体所需；另外，它也十分滋补，吃完后整个人都能感觉暖和起来了。我在法国工作过一段时间，在那期间我开始喜欢吃珍珠鸡，尤其是用这种炖煮方式来制作的鸡肉。如果你买不到珍珠鸡的话，也可以用普通鸡肉来代替。

材料 »

橄榄油	1½ 汤匙
珍珠鸡（大）	1 只
洋葱 去皮后切成丁	1 颗
胡萝卜 切成丁	1 根
芹菜梗 切成丁	2 根
月桂叶	1 片
欧芹 将叶子摘下备用；然后将欧芹梗用棉线捆在一起	1 小把
大蒜 去皮后切成片	4 瓣
干雪莉酒	100 毫升
鸡高汤	500 毫升
扁豆	150 克
柠檬汁	少许
海盐和现磨黑胡椒	适量

步骤 »

1. 将烤箱预热至 180℃。往处理好的珍珠鸡上撒点盐和黑胡椒，简单腌制一下鸡肉。

2. 取一口大号的带盖炖锅，开中火加热，往锅中倒入 1 汤匙橄榄油。等油热后，将珍珠鸡的鸡胸面朝下放入炖锅中，煎 3 ~ 4 分钟直至鸡皮上色，然后给鸡肉翻个面，继续煎制直到背面也均匀上色。将煎好的珍珠鸡盛出，放置一旁备用。

3. 将剩余的橄榄油倒入炖锅中，然后把切好的洋葱丁、胡萝卜丁、芹菜丁、月桂叶和欧芹梗放入锅中，加入适量的盐和黑胡椒进行调味。将锅中的食材翻炒均匀后，盖上锅盖焖 6 ~ 8 分钟，直到洋葱变软。揭开锅盖，把切好的蒜片倒入锅中，继续炒1 ~ 2分钟使蒜香散发出来，并将蒜片炒软。

营养成分表（每份）	
热量（千卡）	500.00
脂肪（克）	16.00
饱和脂肪（克）	4.00
碳水化合物（克）	23.00
膳食纤维（克）	7.00
蛋白质（克）	54.00
盐（克）	0.67

4. 将雪莉酒倒入炖锅中，铲一铲锅底被粘住的食材。把雪莉酒煮沸，然后再继续炖煮 2 分钟，让酒精挥发一下。

5. 将鸡高汤和扁豆倒入锅中，与其他食材搅拌均匀。然后将珍珠鸡的鸡胸面朝上放入炖锅中，轻轻压一压鸡肉使之埋入扁豆中。这样在炖煮的时候，珍珠鸡就能够完全浸入鸡高汤之中了。

6. 盖上盖子，将炖锅送入预热好的烤箱内，慢炖 50 分钟。50 分钟过后，揭开锅盖，搅拌一下锅中的扁豆。然后去掉锅盖，再次将锅子送回烤箱，继续烘烤 10 分钟，使鸡肉表皮上色更深一些。

7. 将炖锅从烤箱中取出，把烤好的珍珠鸡捞出，放在砧板上静置 5 分钟。

8. 将炖锅中的扁豆搅拌一下，尝一尝味道，可以根据自己的口味加入适量的柠檬汁、盐和黑胡椒进行调味。把锅中的月桂叶和欧芹梗挑出丢掉。

9. 将欧芹叶大致切碎，然后洒在炖锅里。

10. 把珍珠鸡切分成大块（操作详见小贴士）再放回炖锅中。在静置的过程中，会有一些汁水从珍珠鸡中析出并流到砧板上，把析出的汁水也倒回锅中。

11. 将炖锅直接端上餐桌，另外还可以再准备些蔬菜沙拉来佐餐。

如何拆解整只珍珠鸡

将连接鸡腿与鸡胸处的鸡皮切断，然后将鸡腿的骨关节松动一下，即可把鸡腿骨拽出。拿一把锋利的刀，将琵琶腿和鸡大腿肉切分开来。之后，再拿刀子顺着鸡胸骨将鸡肉划开，一边划一边就可将整块鸡胸肉取下。

三文鱼排佐柠檬芥末汁

6～8 人份

参加完激烈的竞赛后，是不是打算举办一个派对活动？这道菜就十分适合在派对上与朋友一起分享。它的做法相当简单——把鱼肉送入烤箱后就不用管它了。而且，这道菜不管是热着吃、温热着吃、在室温放凉后吃、甚至是冷掉后再吃，都很美味。就算鱼肉从烤箱中取出后被你搁置在一旁而忘记立刻上餐，放凉后它也不会变得难以入口。如果运动比赛后你感到肌肉酸疼，不如找一位朋友替你完成这道菜。如果能再配上新鲜的土豆、蔬菜沙拉和自制蛋黄酱就再好不过了。

材料 »

带皮三文鱼肉 刮去鱼鳞，再将鱼刺剔除	1 块（重 1.5 千克的）
柠檬 挤出汁	1½ 个
芥末酱或芥末粉	2 茶匙
伍斯特沙司	2 汤匙
橄榄油	2 汤匙
海盐和现磨黑胡椒	适量

佐餐食材 »

芝麻菜	适量
柠檬 切成角状	1 个

步骤 »

1. 将烤箱预热至 200℃。

2. 往烤盘上铺一张烘焙用的油纸，将三文鱼的鱼皮面朝下放在油纸上。

3. 将柠檬汁、芥末酱、伍斯特沙司和橄榄油混合均匀，制成烤制鱼肉的酱汁，根据自己的口味加入适量的盐和黑胡椒进行调味。

4. 把酱汁倒在三文鱼上，使鱼肉的正反面都均匀地裹上酱汁。

5. 将烤盘送入预热好的烤箱中，烘烤 20 ～ 25 分钟，直至鱼肉完全成熟。

6. 烤好后将烤盘取出，让三文鱼在烤盘里再静置几分钟。最后往烤盘里撒上芝麻菜作为点缀，再摆上几角柠檬即可上餐。

营养成分表（每份）	
热量（千卡）	525.00
脂肪（克）	34.00
饱和脂肪（克）	6.00
碳水化合物（克）	2.00
膳食纤维（克）	0.00
蛋白质（克）	52.00
盐（克）	0.44

如何为多人聚餐备菜

如果有很多人来参加派对，你可以将这道菜的分量翻倍来制作。如果你的烤盘足够大，可以一次性烤两条重 1.5 千克的三文鱼排。你也可以把两条三文鱼排分别放在两个烤盘中同时进行送入烤箱，烤制的途中需要将两个烤盘调换一下上下层的位置，使之均匀受热。这两份重 1.5 千克的三文鱼排足够与 12 ～ 15 位朋友一起享用。

潘扎奈拉沙拉与白煮鸡肉

4 人份

潘扎奈拉沙拉是一款经典的意大利面包番茄沙拉，通常佐以浓郁的凤尾鱼酱。这道沙拉能够使乏味的水煮鸡肉变得与众不同。在挑选番茄的时候，建议你选用熟透的番茄，因为它们比还没有熟透的番茄味道更加香甜。另外，注意不要把鸡胸肉煮得过老。等鸡肉煮熟后，将它浸在汤中自然晾凉即可。如果把鸡肉趁热盛出再放凉，肉质则会变得干巴巴的。

材料 »

鸡高汤	1 升
去皮鸡胸肉	4 块
夏巴塔面包（大） 切成 3 厘米见方的大块	½ 个
橄榄油	40 毫升
红酒醋	2½ 汤匙
红葱头（大） 去皮后切成圆形薄片	2 颗
迷迭香 取叶子使用	1 枝
凤尾鱼鱼柳 将鱼柳沥干水分后切碎	2 条
西红柿（大） 大致切成 12 大块	4 个
生菜 将生菜叶掰下并冲洗干净	3 棵
罗勒 取叶子使用	1 小把
海盐和现磨黑胡椒	适量

营养成分表（每份）	
热量（千卡）	469.00
脂肪（克）	14.00
饱和脂肪（克）	3.00
碳水化合物（克）	30.00
膳食纤维（克）	7.00
蛋白质（克）	52.00
盐（克）	1.52

步骤 »

1. 将烤箱预热至 180℃。

2. 把鸡高汤倒入煮锅内煮沸。之后将鸡胸肉放入高汤中，盖上锅盖，将炉灶的火力转为最小挡，将鸡胸肉炖煮 10 分钟后关火。煮好的鸡胸肉就浸在高汤中使之自然放凉，等上餐之前再将鸡肉从锅里取出。

3. 把面包块铺在烤盘中，送入预热好的烤箱中，烘烤 10 分钟，直至面包块变得金黄酥脆。烤好后，将面包块放置一旁自然晾凉。

4. 将橄榄油和红酒醋倒入一个碗中，接着加入切好的红葱头圈、迷迭香叶和切碎的凤尾鱼，制成沙拉酱汁。

5. 在碗的上方放一个筛子或滤网，把西红柿块放入滤网中。拿一个木勺子，用勺子背碾碎西红柿，使其汤汁滤到碗中。

6. 等到快上餐的时候，把滤网中的西红柿果肉倒入沙拉碗中，同时也把生菜叶和烤好的面包块盛入碗中，做成沙拉菜。

7. 将鸡胸肉从锅中捞出，用刀叉辅助将其撕成块状，然后也将鸡胸肉块倒入沙拉碗中。

8. 将沙拉酱汁和西红柿汁混合均匀，根据自己的口味加入适量的盐和黑胡椒进行调味。然后将调制好的酱汁倒入沙拉菜中并翻拌均匀，最后再往碗中撒上些罗勒叶作为点缀即可。

菜花比萨

2 人份（一个中等大小的比萨）

这道比萨的做法可谓是一举两得，既减少了精制碳水化合物的摄取，同时也增加了蔬菜的摄入量。此外，马苏里拉奶酪还能提供大量的钙与蛋白质，帮助运动后修复肌肉。这款比萨的味道和口感相当具有迷惑性，孩子们可能都尝不出来它竟然是用菜花做的！你可以往比萨上加入各种喜欢的食材当作馅料，如火腿、意大利辣香肠、洋蓟、橄榄和墨西哥胡椒等，再配上一大份蔬菜沙拉便能构成一餐。如果你想靠它赢得孩子们的欢心，不妨再往比萨上加些他们喜爱的食材。

材料 »

比萨饼底 »

菜花（中等大小） 1 棵
切成小朵

干牛至 ½ 茶匙

鸡蛋 1 个
打散成蛋液

帕玛森干酪碎 25 克

马苏里拉奶酪 50 克
切成碎末

橄榄油 适量

海盐和现磨黑胡椒 适量

馅料 »

番茄泥 3 汤匙

褐菇 2 朵
切成薄片

百里香 1 枝
取叶子使用

马苏里拉奶酪 75 克
切成碎末

营养成分表（每份）	
热量（千卡）	405.00
脂肪（克）	27.00
饱和脂肪（克）	13.00
碳水化合物（克）	11.00
膳食纤维（克）	6.00
蛋白质（克）	26.00
盐（克）	0.99

步骤 »

1. 将烤箱预热至 220℃。

2. 将菜花小朵放入料理机中，打碎成像面包屑似的粗颗粒状。

3. 把菜花碎倒入一个可放入微波炉加热的碗中，给碗口盖上保鲜膜，并留一点点缝隙。开启微波炉，将菜花碎高火加热 6 分钟。之后把碗从微波炉中取出，撕掉保鲜膜，让碗中蒸汽挥发，菜花碎自然晾凉。

4. 将烤盘或专门用来烤比萨的石板放入烤箱中预热。

5. 把晾凉后的菜花碎倒在干净的茶巾或棉布上。拎起茶巾或棉布的四个角把菜花碎兜起来，使劲拧一拧茶巾或棉布，将菜花中的水分尽量挤出。

6. 将处理好的菜花碎倒入一个大碗中，接着往碗中倒入干牛至、鸡蛋液和两种奶酪碎，根据自己的口味加入适量的盐和黑胡椒进行调味。

7. 在砧板上铺一大张烘焙用的油纸，往油纸上淋上少许橄榄油。之后将菜花碎倒在油纸上，并将其铺成一个厚约 1 厘米的圆饼形，制成比萨饼底。然后往比萨饼底上再淋上少许的橄榄油。

8. 轻轻地拎起油纸，将比萨饼底转移到预热好的烤盘或石板上。之后把它送入烤箱烘烤 8 ~ 12 分钟，直至饼底变得金黄酥脆。

9. 将烤盘从烤箱中取出，用勺子背把番茄泥均匀地涂抹到饼底上。铺上切好的褐菇片和百里香叶，最后将马苏里拉奶酪碎撒在比萨表面，再根据自己的口味撒上适量的盐和黑胡椒进行调味。

10. 将比萨送回烤箱，继续烘烤 5 ~ 7 分钟，直至奶酪融化，并且比萨表面也逐渐上色。将烤好的比萨切开，趁热享用。

如何预制菜花碎

如果你家里没有微波炉，可以用蒸制、煮制或烤制的方法来处理菜花碎，烹饪时间约为 5 ~ 6 分钟，直至菜花碎的质地变软。只是在进行步骤 5 的时候，恐怕你需要多花点力气来将菜花中的水分挤出。

裙牛排佐迷迭香辣酱

4 人份

巴韦特牛排，也就是通常所说的“裙牛排”，是指牛腰腹部的肉。这一部分的牛肉不如牛腿肉那么嫩，所以经常被拿来卤制或者慢炖。为了使牛排达到三分熟的程度，需要尽量将煎制的时间缩短。切牛排时，则要沿着牛肉的纹路下刀，这样切出来的牛肉也就不会那么难嚼了。肉店在售的巴韦特牛排可能是相当大的一整块，如果不能分割开购买的话，一次性买一大块也是值得的。烤牛排的时候厨房内可能会变得烟雾缭绕，因此建议你把排气扇调到最大挡，并打开窗户。即使这样仍有可能频繁触发烟雾报警器，因此，如果你有条件能在户外进行烧烤是最理想的了！

材料 »

欧芹 切碎成末	1 大把
牛至 将叶子切碎成末	1 小把
大蒜 切碎后捣成泥	3 瓣
迷迭香 将叶子切碎成末	2 枝
红辣椒 去籽后切成末	1 根
红酒醋	35 毫升
橄榄油	30 毫升
裙牛排	1 公斤
褐菇 清洗干净后切成粗条状	4 朵
圣女果（带藤成串的）	12 颗
海盐和现磨黑胡椒	适量
豆瓣菜 用于佐餐	适量

营养成分表（每份）	
热量（千卡）	554.00
脂肪（克）	32.00
饱和脂肪（克）	10.00
碳水化合物（克）	4.00
膳食纤维（克）	4.00
蛋白质（克）	60.00
盐（克）	0.45

步骤 »

1. 将切碎的欧芹、牛至、蒜泥、迷迭香、红辣椒和红酒醋混合在一起，倒入 1/3 的橄榄油。加入适量的盐和黑胡椒进行调味，制成迷迭香辣酱。酱料调制好后，放在一旁静置 2 小时，使香料的味道充分释放。

2. 将牛排煎烤盘开大火烧热。

3. 把剩余的橄榄油刷在牛排的正反两面。等煎烤盘被烧至快冒烟的时候，将牛排铺在煎烤盘中，每面煎制 4 分钟。然后拿一张锡纸，将烤好的牛排裹起来，放置在一旁备用。

4. 把切成条的褐菇铺在煎烤盘中，每面煎制 2 分钟，注意互相不要堆叠。煎好后将褐菇盛出，再把成串的圣女果放入煎烤盘中，同样煎 2 分钟。

5. 顺着牛肉的纹理将牛排切成长条形的薄片，盛入餐盘。把之前调制好的迷迭香辣酱淋在牛肉上，最后将煎制好的褐菇与圣女果摆盘，再撒上一把豆瓣菜即可。

高能量零食与点心奖励

劲爽西瓜冰沙

6 人份

在运动前后与运动期间所喝饮品的重要性不可小觑。这款简单易做的西瓜汁不含游离糖，却能为人体提供充足的水分与即时能量。虽然往西瓜汁里放的这一小撮盐不是必需的，但它可以帮助我们补充身体所需的钠——因为长时间出汗会导致体内的钠大量消耗。

材料 »

西瓜果肉 1 公斤（约 ½ 个中等大小的西瓜）
瓤切成大块

青柠 1 个
挤出汁

盐 1 撮

步骤 »

1. 把切成块状的西瓜果肉放入料理机中搅打至顺滑的状态。之后将青柠汁和盐加入料理机中，与西瓜汁混合均匀。

2. 往料理机中加入两大把冰块，再次开启料理机将冰块搅碎成冰碴。如果不容易搅打，可以往料理机中加入 200 毫升冷水。

3. 往玻璃杯中加入适量冰块，将西瓜冰沙倒入杯中即可享用。还可以将冰沙倒入水壶中带出门饮用。

创意变化

你可以往西瓜冰沙中加入各式香草或 1 小撮辣椒，这样便能将冰沙制成新的口味。罗勒和薄荷都是不错的选择。

营养成分表（每份）	
热量（千卡）	56.00
脂肪（克）	0.30
饱和脂肪（克）	0.00
碳水化合物（克）	12.00
膳食纤维（克）	1.00
蛋白质（克）	1.00
盐（克）	0.90

皮塔饼脆片佐彩椒蘸酱

4 人份

自制皮塔饼脆片搭配蘸酱要比零售的薯片更健康，也更便宜。这款小零食能够与多种小吃相搭配，味道毫不违和。例如，它可以与第 60 页介绍的薄荷茄泥酱、或第 59 页的烟熏弗拉若莱豆豆泥相配。你甚至可以把皮塔饼脆片捏碎加入沙拉与浓汤中，给菜肴增添一种酥脆的口感。另外，甜椒蘸酱的食用方法也多种多样，你可以把它拿来搭配海鲜（如虾仁或烤鱿鱼），用来搭配意大利面也是个不错的选择。

材料 »

全麦皮塔饼	4 张
大蒜 去皮后捣成泥	1 瓣
混合干香料	½ 茶匙
橄榄油	2 汤匙
海盐	适量

彩椒蘸酱 »

盐水渍烤红彩椒 沥干水分	350 克
雪利酒醋	1½ 茶匙
杏仁片	75 克
橄榄油	2 汤匙
海盐和现磨黑胡椒	适量

步骤 »

1. 将烤箱预热至 180℃。

2. 将每张皮塔饼均匀地切成 8 角，之后再将每块三角形小饼的上下两层撕开，变成更薄的两片小饼。准备两个烤盘，将切好的三角形小饼铺在烤盘中，注意互相不要堆叠。

3. 把捣碎的蒜泥、混合干香料和橄榄油混合在一起，制成烤制脆片所需的调味料。将蒜泥香料均匀地刷在三角形小饼的正反面，然后再往小饼上撒上适量的盐。将烤盘送入预热好的烤箱内，烘烤 3 ~ 4 分钟。之后将烤盘取出，把已经烤脆的脆片挑出来，再给剩余的三角形小饼翻个面。把烤盘送回烤箱继续烘烤 2 ~ 3 分钟，直至所有的小饼都被烤至金黄酥脆。将烤好的皮塔饼脆片从烤箱中取出，放置一旁使之自然晾凉。

4. 将制作彩椒蘸酱所需的食材倒入料理机中，搅打至顺滑状态，根据自己的口味加入适量的盐和黑胡椒。如果食材过于浓稠而不易打碎，可以往料理机中加入一汤匙的饮用水再继续搅打。

5. 将皮塔饼脆片盛入盘中，把彩椒蘸酱也盛入蘸碟里。建议你再准备些新鲜的蔬菜条来蘸食彩椒酱。这道皮塔饼脆片不仅适合与朋友们一同分享，还可以把它装入餐盒中当作外带午餐。如果一次性吃不完那么多彩椒蘸酱，可以盖上保鲜膜，放入冰箱中冷藏，最多可保存 3 天。

营养成分表（每份）	
热量（千卡）	386.00
脂肪（克）	22.00
饱和脂肪（克）	3.00
碳水化合物（克）	32.00
膳食纤维（克）	4.00
蛋白质（克）	12.00
盐（克）	1.95

如何保存皮塔饼脆片

把皮塔饼脆片装入密封罐中，最多可以保存一周。若想让脆片恢复酥脆的口感，可以将其放入预热至 150℃的烤箱中，烘烤 5 分钟即可。

什锦麦片能量球

14 块

每一个小小的能量球都包含了燕麦片、果干和坚果，吃上几个能量球就相当于享用了一碗什锦麦片。如果你在晨练之前没时间吃早餐，那么不如吃上几个麦片能量球，为身体迅速补充能量。这款麦片能量球和生巧克力球（做法见第 196 页）都是我家冰箱中的常备零食，家人们在需要补充能量时，便能轻松地自取享用。

材料 »

无糖花生酱（顺滑型或有颗粒型均可）	100 克
蜂蜜	3 汤匙
燕麦片	125 克
葡萄干	150 克
核桃仁 切碎	50 克

营养成分表（每块）	
热量（千卡）	150.00
脂肪（克）	7.00
饱和脂肪（克）	1.00
碳水化合物（克）	17.00
膳食纤维（克）	2.00
蛋白质（克）	4.00
盐（克）	0.08

步骤 »

1. 将花生酱和蜂蜜倒入大碗中搅拌均匀。之后把燕麦片、葡萄干和切碎的核桃仁也倒入碗中，将所有食材混合，使麦片、葡萄干与坚果均匀地裹上花生酱和蜂蜜。

2. 将麦片混合物放入冰箱中冷藏 20 分钟，使其质地变得硬实一些。

3. 从冰箱中取出麦片混合物。用手将其搓成一个个直径为 3 ～ 4 厘米的小圆球。如果混合物比较松散，可以用手使劲捏一捏它，帮助食材黏合在一起。将搓好的能量球放在盘中，送入冰箱冷藏至少 1 小时使之定型。

4. 将定型的能量球放入密封盒，可放入冰箱冷藏或放在阴凉干燥处保存。能量球在冰箱中可冷藏保存 1 ～ 2 周。

如何制作什锦麦片饼干

要想把什锦麦片能量球做成饼干，只需把能量球放在铺了油纸的烤盘上，再将其压扁成圆饼状。将烤盘送入预热至 160℃的烤箱中，烘烤 10 ～ 12 分钟，直至饼干的颜色变成焦黄色。烤好的饼干边缘酥脆可口，内芯软韧而有嚼劲。

生巧克力奶昔

4 人份

如果你在健身期间非常想喝巧克力奶昔，不妨选取健康的食材来亲手制作，例如可以选用杏仁奶、可可粉和椰枣来制作。虽然这样做出来的巧克力奶昔还是会很甜，但椰枣中的纤维和可可粉中的天然脂肪能够使能量缓慢释放，这样你便不必担心血糖水平会忽高忽低。如果你在剧烈的运动或比赛后需要额外补充些蛋白质，可以把杏仁奶换成普通的牛奶。

材料 »

无糖杏仁奶	1 升
可可粉	8 汤匙
椰枣 去核	8 ～ 12 颗
枫糖浆（可以省略）	适量

步骤 »

1. 将杏仁奶、可可粉和去核椰枣放入料理机中，搅打至顺滑的状态。

2. 尝一尝味道，根据自己的喜好决定是否加入枫糖浆。

3. 往搅拌杯中加入 1 大把冰块，开启机器将冰块打碎，制成冰凉的奶昔。

4. 将巧克力奶昔倒入 4 只玻璃杯中，插上吸管即可享用。

创意变化

制作这款奶昔时，你还可以把香蕉和坚果酱加入料理机中一起搅打。

营养成分表（每份）	
热量（千卡）	154.00
脂肪（克）	6.00
饱和脂肪（克）	2.00
碳水化合物（克）	17.00
膳食纤维（克）	7.00
蛋白质（克）	6.00
盐（克）	0.33

格兰诺拉果仁谷物棒

18 条

格兰诺拉谷物棒是我参加铁人三项训练时最常吃的零食。谷物棒制作起来非常简单，而且适合随身携带，它能为我提供运动时所需的能量，进而充分激发自己的潜能。这里所用到的椰枣就像胶水一样能把其他食材黏合在一起。另外，你还可以根据自己的喜好或橱柜里现有的食材来替换其他原料。这款谷物棒适合在野营旅行或野餐时来享用；或者把它装进便当盒里，当作午餐的一部分。

材料 »

椰枣 去核	200 克
坚果酱（如花生酱、榛子酱或杏仁酱）	2 汤匙
椰子油	2 汤匙
燕麦片	100 克
杏仁	75 克
巴西胡桃	75 克
混合果仁（如葵花籽、南瓜子和亚麻籽）	2 汤匙
膨化糙米花（可以省略）	50 克

营养成分表（每条）	
热量（千卡）	139.00
脂肪（克）	8.00
饱和脂肪（克）	2.00
碳水化合物（克）	12.00
膳食纤维（克）	2.00
蛋白质（克）	3.00
盐（克）	0.01

步骤 »

1. 将去核椰枣放入料理机中，再加入 4 汤匙的热水，把椰枣搅打成顺滑的泥状。如果椰枣比较大而不易打碎，可以往料理机中额外加些热水再继续搅打，一次加一汤匙的热水，慢慢稀释直到能将椰枣打成枣泥。

2. 把坚果酱和椰子油倒入料理机中，与枣泥搅打均匀。之后将燕麦片、杏仁和巴西胡桃也倒入料理机内，以点动的方式将坚果打碎成粗颗粒状。

3. 拌入混合果仁与膨化糙米花。

4. 往蛋糕模具（模具尺寸约为 25 厘米 ×18 厘米）里铺上一层烘焙用的油纸，把混合物倒入模具中，将表面压平。

5. 用保鲜膜盖住蛋糕模具，送入冰箱冷藏约 1 小时，使混合物定型。

6. 将整块的混合物切成块状或条状，放入冰箱中冷藏，最多可保存 1 周。

生巧克力球

14 个

这道令人惊艳的生巧克力球的秘方还是塔娜告诉我的，因此我还称它为“幸福球”。你可以往巧克力球中加入各种自己喜欢的坚果，还可以把它在椰蓉中滚一圈，口感就又会变得不一样了。这些巧克力球很适合在锻炼前享用，也能为你在忙碌的一天中及时补充能量。

材料 »

椰枣 去核	75 克
椰子油	2 汤匙
杏仁酱	1 汤匙
杏仁	75 克
可可粉 额外准备一些用于撒在巧克力球的表面	3 汤匙

步骤 »

1. 将去核椰枣和椰子油放入料理机中搅打至泥状。

2. 把杏仁酱倒入料理机中，与椰枣泥搅打均匀。之后将杏仁也倒入料理机内，以点动的方式把杏仁打碎成粗颗粒状。

3. 将可可粉倒入料理机中，与其他食材一起搅打。料理机中的混合物会逐渐粘合在一起。

4. 拿一把茶匙，舀出满满一勺的巧克力混合物，用手将其搓成球状。把搓好的巧克力球放在盘中，用同样的方法将剩余的混合物都制成巧克力球。往巧克力球表面撒上些可可粉，盖上一层保鲜膜，送入冰箱冷藏至少 2 小时，使之定型。

5. 将制作好的巧克力球放入密封盒，送入冰箱中冷藏，可保存 2 周。

营养成分表（每个）	
热量 (千卡)	78.00
脂肪（克）	6.00
饱和脂肪（克）	2.00
碳水化合物（克）	4.00
膳食纤维（克）	1.00
蛋白质（克）	2.00
盐（克）	0.01

如何提前制作

你可以一次性多做一些巧克力球，然后把一部分冷冻保存。在想吃的时候，可以直接从冰箱中取出享用，巧克力球冷吃起来味道也不错；或者你可以将其挪入冷藏区解冻后再吃。

花生酱巧克力冰激凌

6 人份

这款冰激凌是第 123 页“香蕉冰激凌”的衍生版本，尽管它看似有些放纵，但在你拼尽全力后这份奖赏绝对受之无愧：其中添加的花生酱可以为运动过后疲劳的肌肉补充蛋白质；椰奶则可以让冰激凌的口感更加顺滑，同时还能补充一些高强度训练中人体所流失的营养元素。

材料 »

椰奶	400 克
香蕉 切成大块并冷冻至少 4 个小时	1 根
花生酱（顺滑型或有颗粒型均可）	3 汤匙
可可粉	2 汤匙
蜂蜜或枫糖浆（可以省略）	适量

步骤 »

1. 将椰奶和香蕉块放入料理机中，搅打至顺滑的状态。搅打过程中需要不时地暂停机器，将杯壁上的香蕉泥铲下来再继续搅打。

2. 往料理机中加入花生酱和可可粉，继续搅打均匀。尝一尝味道，如果喜欢吃甜的话，可以根据自己的口味加入适量的蜂蜜或枫糖浆。

3. 将冰激凌液倒入带盖可冷冻的容器内，送入冰箱冷冻 2 ~ 4 小时，直至冰激凌液快要冻结。

4. 将容器从冰箱中取出，把冰激凌液倒出重新搅打一下。之后再把冰激凌液倒回容器，送入冰箱冷冻使其凝固。这样做是为了减少冰激凌中的冰碴，能使其口感更加顺滑。

5. 享用前，需将冰激凌置于室温 20 ~ 30 分钟，使其略微化冻，这样可以更加容易地把冰激凌挖成球状。

创意变化

如果你不想使用椰奶来制作冰激凌，可以将其替换成 4 根冷冻香蕉。把冻好的香蕉块与花生酱和可可粉打至顺滑，再送入冰箱冷冻即可。

营养成分表（每份）	
热量（千卡）	190.00
脂肪（克）	16.00
饱和脂肪（克）	11.00
碳水化合物（克）	7.00
膳食纤维（克）	2.00
蛋白质（克）	4.00
盐（克）	0.07

无花果卷

16 个

我迄今为止吃过的无花果卷可谓是数不胜数了。小时候，我的母亲就会经常将自制无花果卷放入我的午餐盒里。40 年后的今天，它也成为了我健身期间最爱的甜点之一。在我参加铁人三项赛期间，自制的小零食不仅能够赋予我运动所需的能量，还能在精神层面给予我鼓励，这是市售的等渗能量胶和谷物能量棒不能比拟的。

材料 »

无花果 洗净后切成块状	300 克
全麦面粉 额外准备一些作为手粉	225 克
泡打粉	1 茶匙
椰子油	70 克
肉桂粉	½ 茶匙
鸡蛋	1 个
低脂牛奶 额外准备一些用于涂刷无花果卷表面	70 毫升
金砂糖	2 撮

步骤 »

1. 把切好的无花果和 250 毫升水放入煮锅中煮沸。盖上盖子，将无花果炖煮 15 分钟，直至果肉变得非常柔软。炖煮期间需要注意锅中的水量，防止食材烧干。

2. 将锅子端离炉火，用勺背将大块的无花果肉捣碎。之后把无花果泥盛到碗中自然晾凉。

3. 将全麦面粉、泡打粉、椰子油和肉桂粉倒入料理机中，开启机器将各种食材混合均匀。

4. 之后将鸡蛋和牛奶倒入料理机中，以点动的方式将食材搅打成团。

5. 将面团转移到干净的工作台上揉 30 秒，然后用保鲜膜将面团裹住，放置一旁松弛 20 分钟。

6. 将烤箱预热至 210℃。

7. 把裹着面团的保鲜膜撕开，将面团切开一分为二。在工作台上撒上适量的全麦面粉，将其中一块面团擀成 30 厘米 ×11 厘米的长方形。

8. 顺着长方形面片的长边，将一半的无花果泥舀在面片中央。将面片慢慢卷起，裹住无花果泥，并把接缝处捏牢，修整一下不整齐的部分。重复以上步骤，将另外一块面团也卷上果泥。

9. 在无花果卷的表面刷上些脱脂牛奶，再撒上适量的金砂糖作为点缀，将每条无花果卷切成 8 等份。把切好的生面胚移入铺了油纸的烤盘中，送入预热好的烤箱内，烘烤 15 分钟。

10. 到时间后将烤盘取出，无花果卷自然晾凉后即可享用。

营养成分表（每个）	
热量（千卡）	140.00
脂肪（克）	5.00
饱和脂肪（克）	4.00
碳水化合物（克）	19.00
膳食纤维（克）	3.00
蛋白质（克）	3.00
盐（克）	0.12

面团的制作方法

制作面团时，我们用到了料理机来帮助面粉与椰子油混合在一起。用手揉面也是可以的，只是耗费的时间会更长一些。

玻璃罐芝士蛋糕

4 人份

当运动比赛顺利结束后，来一份芝士蛋糕可谓是对自己奢侈的犒赏。这款玻璃罐芝士蛋糕与普通的芝士蛋糕同样诱人，我选用了杏仁碎来制作蛋糕饼底，在制作芝士霜时也使用了大量的希腊酸奶，这几处改动使这款芝士蛋糕比传统版更加健康。此外，这款芝士蛋糕中含有丰富的蛋白质、钙和多种维生素以修复疲劳受损的肌肉和骨骼。将芝士蛋糕盛入玻璃罐可以方便携带出门。如果是在家享用的话，可以把它盛在玻璃杯中。

材料 »

蛋糕饼底 »

带皮杏仁 200 克

椰子油 3 汤匙

金砂糖 2 汤匙

芝士霜 »

低脂奶油奶酪 250 克
放置在室温中使其软化

希腊酸奶 300 克

椰子糖 1 ~ 2 汤匙
可用枫糖浆或液体蜂蜜来替代

柠檬汁 1 汤匙

香草精 1 汤匙

冷冻蓝莓 200 克
提前拿出解冻

盐 1 撮

步骤 »

1. 将杏仁倒入平底锅中，不用放油，开中火煎焙 3 ～ 4 分钟，直到杏仁被烤出香味并微微上色。将焙好的杏仁放置一旁晾凉备用。

2. 将杏仁倒入料理机内，以点动的方式把杏仁打碎成粗颗粒状。之后将椰子油和糖倒入料理机中，启动料理机将食材搅打均匀。

3. 把打好的杏仁碎平均分成 4 等份，盛入 4 只玻璃罐中压实，制成芝士蛋糕的饼底。将玻璃罐送入冰箱冷藏使饼底定型。

4. 把软滑的奶油奶酪和酸奶倒入一个大碗中，用木勺将二者搅拌均匀。之后往奶酪糊中倒入 1 汤匙的椰子糖（枫糖浆或蜂蜜）、柠檬汁、香草精和 1 撮盐。将碗中所有食材拌匀，尝一尝味道，如果喜欢吃甜的话可以加入剩余的椰子糖（枫糖浆或蜂蜜）。

5. 把一半的冷冻蓝莓倒入奶酪糊中，稍加翻拌即可形成漂亮的纹路，注意不要将蓝莓捣碎。

6. 从冰箱中取出玻璃罐，将蓝莓奶酪糊平均地盛入 4 只玻璃罐中，不要盛得太满，可与瓶口留有 2 厘米的空隙。把玻璃罐放在工作台上轻轻地震一震，使罐中的奶酪糊变得平整。

7. 将剩余的冷冻蓝莓撒入玻璃罐中。如果你打算将芝士蛋糕带出门享用，就不要盛得太满。

营养成分表（每份）	
热量（千卡）	638.00
脂肪（克）	46.00
饱和脂肪（克）	16.00
碳水化合物（克）	28.00
膳食纤维（克）	2.00
蛋白质（克）	24.00
盐（克）	0.55

8. 把玻璃罐送回冰箱冷藏至少 1 小时使芝士蛋糕凝固定型。

9. 享用时，直接将玻璃罐芝士蛋糕从冰箱中取出、用勺子挖着吃就可以了。如需带出门野餐，请将其放入保温袋中携带。

阿兹特克热巧克力

4小杯

这款热巧克力与常见的用大马克杯装的热牛奶巧克力不同，它虽然量少，却更精致浓郁。与意式浓缩咖啡相似，这杯热巧克力同样能够提神醒脑，很适合在冬日训练或比赛后饮用。黑巧克力中含有的可可比例较高，营养价值也很丰富，可以改善血液循环、降低坏胆固醇、保护皮肤和眼睛，因此你可以尽情地享用而不必有任何罪恶感。

材料 »

黑巧克力（可可含量在70%以上） 刨碎	100克
香草精	1茶匙
现磨肉豆蔻粉	1撮
辣椒粉（可以省略）	½茶匙
蜂蜜或枫糖浆	1~2汤匙
肉桂棒 对半切开	2根

步骤 »

1. 往小锅内倒入500毫升水加热，但无须煮沸。转中小火，将巧克力碎倒入锅中，一边倒一边搅动，使巧克力融化并变得丝滑。

2. 将香草精、肉豆蔻粉和辣椒粉（如果用到的话）倒入锅中，再根据自己的口味加入适量的蜂蜜或枫糖浆来增加甜度。

3. 开小火把锅中的热巧克力继续加热5～8分钟，使各式香料的滋味融到巧克力中。熬煮期间需不时地搅拌一下，同时也要防止热巧克力剧烈沸腾。

4. 将煮好的热巧克力倒入意式浓缩咖啡杯或小玻璃杯中，再插上半根肉桂棒，不仅能够为热巧克力增加肉桂的香气，还可以方便搅拌。

营养成分表（每杯）	
热量（千卡）	165.00
脂肪（克）	11.00
饱和脂肪（克）	6.00
碳水化合物（克）	13.00
膳食纤维（克）	3.00
蛋白质（克）	2.00
盐（克）	0.05

公制与英制单位换算表

为方便起见，所有的数值都已四舍五入为整数。

重量

25 克	1 盎司
50 克	2 盎司
100 克	3½ 盎司
150 克	5 盎司
200 克	7 盎司
250 克	9 盎司
300 克	10 盎司
400 克	14 盎司
500 克	1 磅 2 盎司
1 千克	2¼ 磅

容积（液体）

5 毫升		1 茶匙
15 毫升		1 汤匙
30 毫升	1 液量盎司	⅛ 杯
60 毫升	2 液量盎司	¼ 杯
75 毫升		⅓ 杯
120 毫升	4 液量盎司	½ 杯
150 毫升	5 液量盎司	⅔ 杯
175 毫升		¾ 杯
250 毫升	8 液量盎司	1 杯
1 升	1 夸脱	4 杯

容积

干燥食材的近似值指南

燕麦片	1 杯 =100 克
细粉类（如面粉）	1 杯 =125 克
坚果类（如杏仁）	1 杯 =125 克
种子类（如奇亚籽）	1 杯 =160 克
干豆类 （大颗粒干豆，如鹰嘴豆）	1 杯 =170 克
谷物，粒状食材和小颗粒干豆类 （如大米、藜麦、砂糖或扁豆）	1 杯 =200 克

长度

1 厘米	½ 英寸
2.5 厘米	1 英寸
20 厘米	8 英寸
25 厘米	10 寸
30 厘米	12 英寸

烤箱温度

摄氏度	华氏度
140	275
150	300
160	325
180	350
190	375
200	400
220	425
250	450